小 麦
收获机械化生产技术

Mechanized Production Technology
for Wheat Harvesting

王万章 等 编著

中国农业出版社
北京

图书在版编目（CIP）数据

小麦收获机械化生产技术/王万章等编著 . —北京：
中国农业出版社，2021.8
　　ISBN 978-7-109-28507-1

　　Ⅰ．①小… 　Ⅱ．①王… 　Ⅲ．①小麦－收获机具 　Ⅳ．
①S233.72

中国版本图书馆 CIP 数据核字（2021）第 136850 号

小麦收获机械化生产技术
XIAOMAI SHOUHUO JIXIEHUA SHENGCHAN JISHU

中国农业出版社出版
地址：北京市朝阳区麦子店街 18 号楼
邮编：100125
责任编辑：闫保荣　　文字编辑：宫晓晨
版式设计：王　晨　　责任校对：吴丽婷
印刷：北京中兴印刷有限公司
版次：2021 年 8 月第 1 版
印次：2021 年 8 月北京第 1 次印刷
发行：新华书店北京发行所
开本：700mm×1000mm　1/16
印张：14.25
字数：280 千字
定价：60.00 元

MECHANIZED PRODUCTION TECHNOLOGY
FOR WHEAT HARVESTING

小麦收获机械化生产技术

主　编　王万章

副主编　何　勋　屈　哲　姬　虹

参　编　张红梅　兰明明　张开飞　刘婉茹

　　　　朱晨辉　袁玲合　刘　源　王淼森

小麦是人类重要的粮食作物，全世界有 35%～40% 的人以小麦为主食。小麦是我国三大粮食作物之一，种植面积仅次于玉米和水稻，是居民最重要的口粮。我国各级政府高度重视小麦生产。随着社会经济发展和人们对美好生活的不断追求，小麦品质的提升已成为小麦产业发展的必然要求，也对小麦生产管理及其科技支撑提出了新的要求。加快推进农业现代化，实现农业高质量发展，离不开先进适用的关键技术和农机装备，离不开现代化的农业机械化技术推广和社会化服务体系。实践证明，随着现代信息技术在农业生产中的应用，农业生产智能化、经营网络化、管理数据化、服务在线化、经营信息化得到了快速发展，农业机械化正向全程全面发展提挡，向高质高效转型升级，为我国促进乡村振兴，实现农业农村现代化，开启全面建设社会主义现代化国家新征程奠定坚实基础。

小麦机械化收获是小麦全程机械化生产的重要环节，是抗击灾害，确保丰产丰收的重要技术手段。在小麦生产中仍存在小麦品种性状和栽培模式不适应机械化收获、小麦倒伏直接影响机械化收获等农机农艺融合问题；在小麦收获装备技术应用上，存在智能化程度低，机型利用的技术落后，可靠性、适应性差等问题。围绕小麦收获机械化生产和产业发展需求，以小麦产业发展为主线创新性地解决小麦收获机械化生产技术、小麦秸秆收获与还田技术、小麦清选分级去杂技术、干燥和安全储藏技术等方面的问题，实现小麦减损收获，产地增值增效，达到提升小麦产业竞争力的目标，是小麦产业技术发展重要研究内容。本书是小麦收获机械化技术方面的专著，是国家现代农业产业技术体系建设项目"小麦收获与产地处理机械化"（CRAS-03）、"十三五"国家重点研发计划项目"豫中补灌区小麦玉米培肥丰产增效技术集成与示范"（2018YFD0300704/3）、河南省现代农业产业技术体系"玉米农机岗位专家项目"（S2017-02-G07）、河南省科技攻关计划项目"秸秆打捆灌装堆肥技术与装备研究"（202102110116），河南省重大科技专项"粮食产后清理关键技术与装备的研究及示范"（121199110120），

"现代农业试验区粮食作物高产高效集成技术研究与示范"等项目实施的阶段性工作总结与成果凝练。本书由河南省农业机械化工程领域专家、河南农业大学现代农业装备工程技术研究中心主任王万章教授担任主编，团队成员何勋、屈哲、姬虹担任副主编，张红梅、兰明明、张开飞等团队科研人员和研究生参与了编写工作。

《小麦收获机械化生产技术》一书是王万章团队根据近年来在小麦机械化收获技术方面的研究成果总结编写的，本书共分八章，分工如下：第一章中国小麦机械化生产概况，第二章小麦收获机械化技术由王万章、袁玲合等执笔；第三章小麦联合收获机使用与维修，第四章小麦收获机械作业技术，由姬虹、刘婉茹等执笔；第五章小麦收获信息化、智能化技术，由屈哲、刘源等执笔；第六章小麦干燥与储藏，第七章小麦秸秆利用技术，由何勋、张开飞、朱晨辉等执笔；第八章小麦生产农机社会化服务案例以及小麦收获机械化生产相关标准等由张红梅、兰明明、王淼森执笔。全书由王万章负责统稿。本书可作为农业工程技术人员、小麦科研和生产技术人员、农业机械化工程技术人员、农业管理人员、种粮大户的参考书籍，也可作为农业工程、作物学等各类专业师生的参考教材和读物。

感谢国家小麦产业技术体系、国家"2011计划"河南粮食作物协同创新中心、河南省农业农村厅、河南省科学技术厅及河南农业大学各部门的关心支持，感谢中国农业大学李洪文教授、河南农业大学郭天财教授的指导帮助，感谢中联重科开封工业园、郑州中联收获机械有限公司、河南农有王农业装备科技股份有限公司的真诚合作。感谢中国农业出版社为本书出版所做的工作。

在本书编写过程中，参阅了国内外同行专家、学者及有关企业公开发表和展示的技术资料、图片等，因多种原因限制未逐一相告，恳请谅解并深表谢意，不当之处请提出批评建议。限于研究、编著水平和能力，本书难免存在疏漏和诸多不足之处，敬请读者和同行专家批评指正。

编著者

2021 年 2 月 22 日

目 录 //////////

CONTENTS

前言

第一章 中国小麦机械化生产概况 ………………………………… 1

　第一节 小麦品质与小麦产业技术 ……………………………… 2

　　一、小麦品质 ………………………………………………… 2

　　二、小麦产业技术发展 ……………………………………… 3

　第二节 小麦全程机械化生产技术 ……………………………… 4

　　一、小麦生产主要技术环节 ………………………………… 4

　　二、小麦生产全程机械化工艺 ……………………………… 7

　第三节 黄淮海小麦全程机械化生产技术模式 ………………… 8

　　一、黄淮海小麦全程机械化生产技术模式 ………………… 8

　　二、黄淮海主要小麦机械化生产配套机具 ………………… 11

　第四节 我国小麦机械化收获生产发展 ………………………… 17

第二章 小麦收获机械技术 ………………………………………… 19

　第一节 小麦收获机械技术概述 ………………………………… 19

　　一、小麦联合收获机械技术 ………………………………… 19

　　二、谷物收获方法 …………………………………………… 22

　　三、机械化收获对小麦品种性状要求 ……………………… 23

　　四、小麦联合收获机械化作业要求 ………………………… 23

　第二节 小麦收获机结构原理 …………………………………… 24

　　一、联合收获机结构原理 …………………………………… 24

　　二、小麦联合收获机工作过程 ……………………………… 25

　第三节 小麦联合收获机类型与适应性 ………………………… 25

　　一、联合收获机的分类 ……………………………………… 25

　　二、小麦联合收获适用机型 ………………………………… 30

　第四节 小麦小区收获机械 ……………………………………… 42

一、小麦小区联合收获机技术 ·················· 42

二、小麦小区联合收获机利用机型 ·············· 42

第三章　小麦联合收获机使用与维修 ··············· 48

第一节　小麦联合收获机使用 ·················· 48

一、小麦联合收获机使用和调整 ·············· 48

二、小麦联合收获机的维护保养 ·············· 54

第二节　小麦联合收获机故障与快速维修 ·········· 55

一、发动机部分 ·························· 55

二、底盘部分 ···························· 57

三、电器部分 ···························· 58

四、脱分与输粮部分 ······················ 59

第三节　小麦收获安全作业 ···················· 62

第四章　小麦收获机械作业技术 ···················· 65

第一节　小麦机械化收获作业技术 ·············· 65

一、作业前检查与试割 ···················· 65

二、确定适宜收割期 ······················ 65

三、机收作业质量要求 ···················· 65

四、正确选择作业参数 ···················· 66

第二节　特殊条件下小麦收获技术 ·············· 68

一、倒伏小麦收获 ························ 68

二、多杂草情况下的收获 ·················· 70

三、过熟小麦收获 ························ 70

四、潮湿小麦收获 ························ 71

五、大风天气小麦收获 ···················· 71

六、坡地小麦收获 ························ 71

第三节　小麦收获作业减损技术 ················ 71

一、小麦收获损失 ························ 71

二、小麦联合收获机作业减损技术 ············ 72

三、小麦机械收获田间损失调查 ·············· 76

第五章　小麦收获信息化、智能化技术 ·············· 81

第一节　小麦收获作业信息管理 ················ 81

一、小麦收获信息管理系统组成 ·············· 81

　　二、小麦收获信息管理系统原理 ·· 84
　　三、小麦收获信息管理系统主要功能 ·· 84
　　四、国内外农机信息管理系统 ·· 85
　第二节　遥感技术在小麦收获生产中的应用 ···································· 89
　　一、小麦成熟遥感预测 ·· 90
　　二、小麦倒伏检测技术 ·· 95
　　三、小麦秸秆田间覆盖检测 ·· 97
　第三节　小麦收获机作业状态监测技术 ·· 98
　　一、收获损失检测技术 ·· 99
　　二、主要工作部件检测 ··· 101
　　三、喂入量检测 ··· 104
　第四节　联合收获机产量检测技术 ··· 105
　　一、谷物产量检测原理 ··· 107
　　二、产量检测技术类型 ··· 107
　　三、谷物水分检测 ··· 110

第六章　小麦干燥与储藏 ·· 111
　第一节　小麦干燥技术 ··· 111
　　一、小麦干燥原理 ··· 112
　　二、小麦干燥方法 ··· 112
　第二节　小麦烘干技术与装备 ··· 113
　第三节　小麦不落地收获与储藏 ··· 116
　　一、小麦不落地收获技术 ··· 116
　　二、小麦储藏技术与方法 ··· 118
　　三、小麦收获后处理装备 ··· 121

第七章　小麦秸秆利用技术 ·· 125
　第一节　小麦秸秆资源与利用 ··· 125
　　一、小麦秸秆资源分布 ··· 125
　　二、小麦秸秆利用方式 ··· 125
　第二节　小麦秸秆生物力学特性 ··· 127
　　一、弹性/剪切模量的测定 ·· 128
　　二、碰撞恢复系数 ··· 128
　　三、静/滚动摩擦系数 ·· 129
　第三节　小麦秸秆建模与仿真 ··· 130

一、小麦秸秆建模方法 ·············· 130
二、小麦秸秆建模过程 ·············· 132
三、小麦秸秆离散元仿真应用 ·············· 133

第四节 小麦秸秆收获机械化技术 ·············· 136
一、双层割台收获技术 ·············· 136
二、秸秆捡拾打捆机械化技术 ·············· 137
三、秸秆快速离田收获技术 ·············· 141

第八章 小麦生产农机社会化服务案例 ·············· 145
案例 1 发挥农机企业技术优势，创新农机作业服务模式 ·············· 145
案例 2 建立农机维修服务体系，保证小麦收获机械作业 ·············· 148
案例 3 开展无人机植保防控，提供"五事"社会化服务 ·············· 150

参考文献 ·············· 153

附录 1 GB 1351—2008 小麦 ·············· 157
附录 2 GB/T 8097—2008 收获机械 联合收割机 试验方法 ·············· 162
附录 3 NY/T 2090—2011 谷物联合收割机 质量评价技术规范 ·············· 172
附录 4 JB/T 5117—2017 全喂入联合收割机 技术条件 ·············· 197
附录 5 GB/T 21016—2007 小麦干燥技术规范 ·············· 207
附录 6 小麦机械化收获减损技术指导意见 ·············· 211
附录 7 稻茬麦机械化生产技术指导意见 ·············· 215

第一章 中国小麦机械化生产概况

　　小麦是世界上分布范围最广、种植面积最大、总贸易量最多的粮食作物，据美国农业部统计，近年来世界小麦年产量达7.5亿吨。2020年中国小麦产量1.34亿吨，位居世界第二。小麦是我国主要粮食作物，据国家统计局公告，2020年全国小麦种植面积2 338万公顷。历年种植面积为全国耕地总面积的22%～30%。小麦生产对保障国家粮食安全、食品供给起着举足轻重的作用。

　　我国小麦种植按地区可划分为西南麦区（包括云南、贵州、四川、重庆）、长江中下游麦区（包括四川、湖北、河南南部和安徽、江苏的沿江地区）、黄淮海麦区（包括河南大部、山东、河北、江苏北部、安徽北部、陕西等地）和西北麦区（包括甘肃大部、宁夏和青海东部）等。按种植季节可划分为三个区域。一是春小麦区，主要分布在长城以北及岷山和大雪山以西地区。这些地区大部分处在高寒或干冷地带，冬季严寒，冬小麦不能安全越冬，故种植春小麦；因无霜期短促，常在200天以下，栽培制度绝大部分是一年一熟。二是北方冬小麦区，主要在长城以南，六盘山以东，秦岭-淮河以北的地区，是中国最大的小麦集中产区和消费区，小麦播种面积和产量约占全国的2/3。一般实行一年两熟或两年三熟耕作制度。三是南方冬小麦区，在秦岭-淮河以南、折多山以东，播种面积和总产量约占全国的30%。

　　我国小麦生产区域分布广，各产区小麦生产机械化水平存在很大差异。一些机械化水平较低的地区，存在小麦出苗不齐、行株距不均、施肥量多、产量低以及人工成本高等问题。小麦全程机械化生产技术作为一种新型推广技术，可有效改善小麦传统耕作方式存在的问题，经济效益显著。

　　小麦全程机械化生产技术主要指在小麦种植的全过程中运用机械化生产技术，主要包括机械化耕整地技术、机械化播种施肥技术、机械化药剂除草技术、机械化联合收获技术、机械化秸秆还田技术及机械化小麦烘干技术。在小麦种植全过程运用机械化生产技术，不仅有助于提高小麦的产量、降低种植成本，还能降低农民劳动强度。

　　近年来我国全力推进主要农作物生产全程机械化，推动农业机械化提档升级，成效明显。我国三大主粮作物中，小麦的机械化耕种收程度最高，2019年小麦耕种收综合机械化率超过 96％，其中机耕率 99.67％，机播率达90.88％，机械化收获率达到 95.87％。我国小麦种植区域主要分为西南麦区、长江中下游麦区、黄淮海麦区和西北麦区等优势产区，图 1-1 为我国主要小麦种植省份近年来小麦种植面积。由于我国小麦种植面积大，各小麦产区在全程机械化作业模式、装备技术水平等方面存在差异。

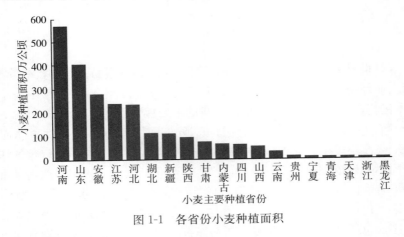

图 1-1　各省份小麦种植面积

第一节　小麦品质与小麦产业技术

一、小麦品质

小麦的主要成分是糖类、蛋白质和 B 族维生素等，它的营养价值很高，其中糖类约占 75％，蛋白质约占 10％，是人类补充热量和植物蛋白的重要来源。因品种和环境条件不同，营养成分的差别较大。从蛋白质的含量看，生长在大陆性干旱气候区的麦粒质硬而透明，蛋白质含量较高，达14％～20％，面筋质量好而有弹性，适宜烤面包；生于潮湿条件下的麦粒含蛋白质 8％～10％，麦粒软，面筋质量差。

小麦品质是指它对某种特定最终用途的适合性，是一个根据其用途而改变的相对概念。小麦籽粒的品质可分为营养品质、磨粉品质和食品加工品质。加工不同类型的食品需要不同品质类型的小麦。优质专用小麦，就是指为某种食品加工所需要，具备一定品质指标的小麦。主要以面粉的面筋含量、沉降值以及面团的流变学特性如面团的稳定时间等为主要指标，依次决定其为强筋粉、中筋粉或弱筋粉，而决定其适宜用途。例如加工面包、饼干、蛋糕等烘焙食品和加工挂面、方便面、通心粉等蒸煮食品，对面粉的蛋白质、面筋的含量和质量指标都有特殊的要求。

优质小麦能最大限度地满足加工和食品质量要求，满足程度高的小麦属优质小麦。发展优质专用小麦生产，是适应农业发展阶段性变化的必然选择，是加快农业结构特别是种植业结构调整的步伐，增加农民收入，提高农业整体效益，推动全国农业和农村经济持续健康发展的重要措施。随着世界经济一体化进程的加快，我国粮食生产尤其是小麦生产会受到不同程度的冲击。只有积极发展优质专用小麦生产，并在面粉和食品加工方面创出名牌，才能在激烈的市场竞争中立于不败之地。

根据近几年优质专用小麦生产的实际情况，确定河南、河北、山东及内蒙古北部等地为优质专用小麦主产区。

二、小麦产业技术发展

产业泛指提供物质产品、流通手段、服务劳动等的行业或组织，小麦产业即提供小麦产品或小麦制品的产业。小麦是我国最重要的口粮之一，对国家粮食安全至关重要。近年来，小麦产量趋稳，小麦质量与品质越来越受重视。小麦产业链的各个环节如图 1-2 所示。

图 1-2　小麦产业链的各个环节

小麦质量问题主要表现在夏收小麦主产区质量中等（三等）的小麦占比较大，不完善粒超标等。气象条件对小麦质量优劣影响最为直接。在小麦灌浆期，持续阴雨天气对小麦生长不利，容易诱发小麦赤霉病、白粉病等多种病虫害；在收获期，低温寡照、阴雨连连的天气，也容易造成小麦生芽粒、赤霉病粒和生霉粒增多。其中，赤霉病这种气候型病害近年来对小麦生产带来的威胁尤为严重。这种病害被称为小麦"绝症"，在世界范围内普遍发生，尤其是在气候湿润多雨地区危害严重，使小麦产量和质量齐降，并带来食品安全隐患。

近年来，我国小麦生产中普麦多、优麦少、优质专用小麦依赖进口等结构性问题逐渐凸显。当下，实现高质量发展已成为我国农业的发展要求，推动小麦质量提等升级、提高小麦生产效益是小麦产业发展的迫切需求。

实现小麦生产提质增效，促进小麦供给侧结构性改革，提高产加销一体化水平，解决小麦生产中影响小麦品质和产量的病虫草害问题、小麦机械化生产效率问题、成本问题，是提高我国小麦国际竞争力的重要任务。

第二节　小麦全程机械化生产技术

春小麦在3—4月播种，7—8月就可收获。冬小麦在9—10月播种，第二年的6—8月收获，寒冷地区成熟时间延后。机械化条播能保证种子在土壤中均匀分布，生长空间均匀一致，也便于小麦收获，是重要的播种方式。

一、小麦生产主要技术环节

小麦生产主要技术环节有以下几个方面。

1. 选用良种

根据该区气候生态特点、种植制度、土壤肥力、灌溉条件、产量水平和病虫等自然灾害发生情况，因地制宜选用已通过河南省或国家农作物品种审定委员会审（认）定，且适宜该区域种植的高产优质强筋或中强筋、中筋半冬性小麦品种，确保用种质量达到国家标准（GB 4404.1—2008）规定。

2. 种子处理

为预防苗期病虫危害，提倡用种衣剂进行种子包衣；没有用种衣剂包衣的种子可在麦播前进行药剂拌种。病、虫混发地块可选用适当的杀菌剂、杀虫剂进行混合拌种后晾干待播。

3. 土壤处理

在有蝼蛄、蛴螬、金针虫等地下害虫危害的地块，除使用包衣种子或进行药剂拌种外，还应在犁地前每亩*用40%辛硫磷乳油或40%甲基异柳磷乳油0.3千克，兑水1～2千克，拌细土25千克，均匀撒施地表，随耕地翻入土中。若使用辛硫磷或甲基异硫磷的微胶囊制剂，防治地下害虫效果更好。

4. 秸秆还田

前茬作物收获后及早粉碎秸秆，秸秆切碎长度≤5厘米，均匀撒于地表，可喷洒秸秆腐熟剂，再用大型拖拉机耕翻入土后耙耱压实。每亩还可补施5千克尿素，并浇水塌墒，以加速秸秆腐熟分解。

5. 耕作整地

麦播前应进行以深耕（松）、镇压为重点的高质量耕作整地作业。旋耕播种的麦田应实行隔年或隔两年深耕（松）的轮耕制度，打破犁底层，做到机耕机耙相结合，利于小麦根系下扎。

6. 耙耱镇压

麦田耕翻或旋耕后要及时耙耱，特别是秸秆还田和旋耕播种的地块，必须

---

*　亩为非法定计量单位，1亩=1/15公顷。——编者注

边深（旋）耕边耙耢，再镇压 2～3 遍，并做到耙深、耙透、耙匀、耙实、耙平，以破碎土垡，疏松表土，平整地面，减少蒸发，抗旱保墒，确保播种深度一致，并促使种子与土壤紧密接触，出苗整齐健壮。

7. 按种植规格作畦

小麦播种前结合耕作整地打埂筑畦。畦的大小应因地制宜，依据小麦播种行距和播幅要求，并充分考虑小麦收获作业和下茬作物播种周年高产高效需求。

8. 播前造墒

小麦播种时发生干旱的概率较高，对于播前耕层土壤相对含水量低于70％的地块，应先浇水造墒，再进行播种。尤其是前茬玉米秸秆还田的田块，即使在墒情一般的条件下也应先造墒后播种。因季节、劳力和水源等因素播前来不及灌水造墒，也可在小麦播种后浇蒙头水。

9. 科学施肥

在实施秸秆还田和尽量增施有机肥的基础上，依据测土化验结果合理施用化肥。对于连年秸秆还田的地块，可少施钾肥，并每亩增施 5 千克尿素，以加速秸秆腐熟速度。

10. 机械化播种

提高播种质量是保证小麦苗全、苗匀、苗壮，奠定高质量群体起点和实现小麦丰产的基础。掌握适宜播种期和播种深度，合理确定适宜播种量与播种方式是实现高质量播种的关键。

（1）播种期　应根据所选用品种冬春性、分蘖特性和高产麦田适宜的基本苗数，以及达到冬前壮苗标准所需要的积温，合理确定适宜的播种期。冬小麦适宜播种期的温度指标为日平均气温 14～18℃，从播种至越冬 0℃以上积温以550～650℃为宜。

（2）播种量　应依据播种期、品种分蘖成穗特性和地力水平等条件确定适宜播种量。一般播种期早、品种分蘖力强、成穗率高和土壤肥力基础较高、水分充足的麦田基本苗宜稀，播种量应适当减少，反之应适当增加播种量。如遇墒情较差、因灾延误播种期及整地质量较差等，可适当增加播种量。一般每晚播 3 天每亩播种量增加 0.5 千克，但每亩播种量最多不能超过 15 千克。

（3）播种深度　在土壤墒情适宜的条件下适期播种，播种深度一般以 3～5 厘米为宜。底墒充足、地力较差和播种偏晚的地块，播种深度以 3 厘米左右为宜；墒情较差、地力较肥的地块播种深度以 4～5 厘米为宜。

（4）播种方式　采用机械条播，提倡缩行（距）扩株（距）等行距或宽窄行播种，也可采用宽幅、宽苗带播种。播种作业保证下种均匀、深浅一致、行距一致、不漏播、不重播，确保种子在行内分布均匀，减少缺苗断垄和疙瘩苗现象。

（5）播种镇压　小麦播种镇压是抗旱、防冻和提高出苗质量、培育冬前壮苗的重要措施,尤其是对于秸秆还田和旋耕未耙实的麦田,可采用播前镇压或播后镇压的方式。小麦播种进行合理镇压的土壤容重应≤1.4 克/厘米^3,土壤持水量为 65%～70%。镇压时对地面的压强,平播时控制在 0.02～0.04 兆帕;垄播时控制在 0.04～0.05 兆帕。对保护性耕作的垄沟相间麦田,要选择与垄沟间距相符的凸凹镇压滚进行镇压。

（6）免耕施肥播种 实施机械免耕施肥播种要求动力配套为 55 千瓦以上拖拉机,秸秆还田处理要求田间秸秆覆盖均匀,地表平整,避免秸秆堆积影响免耕播种作业质量。免耕施肥播种机直接进行播种作业,一次性完成旋耕灭茬、化肥深施、小麦播种、镇压保墒等多道工序。小麦免耕施肥播种的适宜土壤含水量为 16%～18%,种子的播种深度最好为 3 厘米左右,土壤墒情较差时最深不超过 5 厘米;化肥播深一般为 8～10 厘米,所施化肥一般应在种子侧下方。各行排种量一致性变异系数≤3.9%,总排种量稳定性变异系数≤1.3%,各行排肥量一致性变异系数≤13.0%,总排肥量稳定性变异系数≤7.8%,播种均匀性变异系数≤45%,播种深度合格率≥75%,施肥深度合格率≥75%,种肥距离合格率≥80%,播后植被覆盖率≥70%,晾晒率≤2%。小麦播种后地表无亮种、堆种和漏肥、堆肥现象。

11. 机械或无人机"一喷三防"

"一喷三防"即在小麦抽穗至灌浆中期,以防治小麦赤霉病、白粉病、锈病、蚜虫和预防干热风、早衰等为重点,促进籽粒灌浆、增加粒重、提高产量的一项重要技术措施。采用机械化"一喷三防"要求非内吸性药剂常规量喷雾药液覆盖率≥33%,低量喷雾沉积密度≥25 滴/厘米^2,雾滴分布均匀度≥50%,作物机械损伤率≤1%。有条件的可采用无人机进行"一喷三防"。无人机喷雾作业效率高,可避免机械喷雾田间作业造成的碾压损失。在实际作业中应选择适宜的天气环境,避免低空气流造成的喷雾飘移损失。根据选定的无人机型,注意飞行高度、飞行速度、飞行路径对喷雾沉积均匀性的影响。注意高空电缆等飞行障碍,安全生产。

12. 小麦收获

各地可根据实际情况选用适宜的联合收获机型。若将小麦秸秆还田利用,要选用带有秸秆粉碎及抛撒装置的小麦联合收获机,使秸秆切碎后均匀抛撒,后方均匀抛撒方式效果较好。还田茎秆切碎合格率≥90%,还田茎秆抛撒不均匀率≤10%,确保秸秆均匀分布地表。可不进行切碎还田方式,采用秸秆打捆机进行小麦秸秆打捆收集。小麦收获时间应在小麦蜡熟末期,小麦蜡熟末期籽粒含水率为 22%左右,籽粒颜色接近本品种固有光泽,籽粒较为坚硬。收获损失率≤2%,籽粒破碎率≤2.0%,含杂率≤2.5%。小麦收获作业割茬高度≤15 厘米,收获后地表割茬高度一致,无漏割,并做到地头地边处理合理。收获作业后,应及时清仓,防止病虫害跨地区传播。

二、小麦生产全程机械化工艺

由于我国各个小麦生产区域机械化水平不同，小麦生产特点不同，根据本地区小麦生产的农艺特点、经济条件、生产规模、机械化水平等因素，开展小麦绿色高产高效机械化生产关键技术集成，优选适宜的技术路线和装备，研究农机农艺融合的小麦全程机械化生产模式，推广应用小麦全程机械化生产技术，是小麦生产技术的重要内容。小麦生产全程机械化工艺流程如图 1-3 所示。

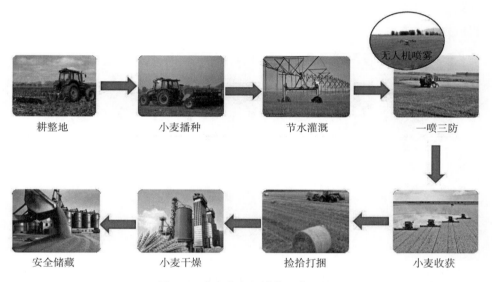

图 1-3 小麦全程机械化生产工艺

黄淮海麦区的河南、山东、河北、陕西以及江苏北部和安徽北部等地是一年两熟小麦生产地区，多采用小麦玉米周年轮作机械化生产，其生产工艺路线如图 1-4 所示。

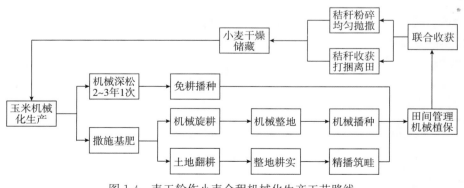

图 1-4 麦玉轮作小麦全程机械化生产工艺路线

近年来随着国家实施各项兴农惠农政策，不断培育新型农业经营主体，多种形式的农业规模经营和社会化服务得到大力发展，全国土地流转和农业规模化经营进一步推进。在流转土地用途中，小麦等粮食生产占了一多半。农机购置补贴等政策促进了我国农作物耕种收综合机械化水平不断提高，粮食生产机械化水平不断提高，全国小麦生产基本实现全程机械化，这也进一步加快了规模化的发展。在规模化与机械化的作用下，小麦经营规模与生产方式都将发生深刻变化。小麦全程机械化生产装备涉及耕、种、管、收和产地处理各个环节，品种类型很多，各个小麦产区应根据机械适应性，先进性进行选择，提高小麦生产机械化装备技术水平，实现绿色、高产、高效小麦全程机械化生产(图 1-5)。

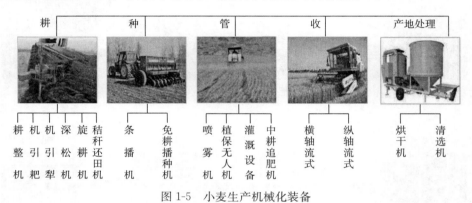

| 耕 | 种 | 管 | 收 | 产地处理 |

| 耕整机 | 机引耙 | 机引犁 | 深松机 | 旋耕机 | 秸秆还田机 | 条播机 | 免耕播种机 | 喷雾机 | 植保无人机 | 灌溉设备 | 中耕追肥机 | 横轴流式 | 纵轴流式 | 烘干机 | 清选机 |

图 1-5　小麦生产机械化装备

第三节　黄淮海小麦全程机械化生产技术模式

黄淮海地区是我国冬小麦主产区，近年来通过农业综合开发和高标准粮田建设，农田生产条件和排灌设施得到很大改善，产量水平不断提高。按照"稳粮增收、提质增效"要求，本技术模式规范了前茬作物秸秆处理、病虫草害防治，实现了全程机械化与标准化作业，水利条件好，产量基础高。重点解决的技术问题是在机械化作业中实现节本增效，持续提高产量。该地区全程机械化生产技术模式适宜于黄淮海平原高产灌区平均亩产在 650 千克以上的麦田应用。近年来随着大型动力机械使用数量的增加，采用该技术模式作业效率更高，作业质量更好，节本增效显著。

一、黄淮海小麦全程机械化生产技术模式

其技术路线是：前茬玉米秸秆机械粉碎还田→秸秆灭茬处理→机械撒施有机肥和化肥→机械深耕→机械旋耕整地→机械精量条播镇压→灌越冬水→施拔节肥水→冬前或早春机械灭草→机械或无人机"一喷三防"→机械收获。对免

耕播种作业其技术路线是：前茬玉米秸秆机械粉碎还田→机械免耕播种（种、肥同播）→灌越冬水→重施拔节肥水、冬前或早春机械灭草→机械或无人机"一喷三防"→机械收获。

该模式适宜于黄淮海麦区经土地流转、规模化种植的种粮大户、家庭农场、农民专业合作社等新型农业经营主体推广应用。

主要技术事项如下。

1. 机械秸秆还田

前茬玉米收获后及时粉碎还田。秸秆还田适宜机械作业的土壤含水量为10%～20%，玉米根茬含水量<25%；玉米秸秆，要求粉碎后85%以上的秸秆长度≤10厘米，且抛撒均匀；碎茬深度≥80毫米，根茬粉碎率≥90%，碎土率≥90%，根茬覆盖率大于80%。

2. 机械撒施肥料

依据测土化验结果，机械撒施颗粒状有机肥和复合化肥。颗粒状复合化肥含水量≤12%，总排肥量稳定性变异系数≤7.8%，施肥均匀性变异系数≤60%，施肥量偏差≤15%。有机肥应选用经过堆肥化处理的腐熟肥料，要求无大硬块、少粗长杂草、不黏结、含水量在68%以下。

3. 机械深耕（松）　整地

前茬玉米秸秆粉碎还田的地块必须进行机械深耕，能有效地掩埋覆盖玉米秸秆，以有利于提高播种质量，便于农作物根系生长。机械深耕作业适宜条件是土壤含水量为15%～25%。耕翻整地属于重负荷作业，需选用大中型拖拉机牵引，拖拉机功率应根据不同耕深、土壤比阻以及作业面积等进行选配。深耕整地质量要求：耕深≥20厘米，深浅一致，无重耕或漏耕，耕深及耕宽变异系数≤10%。做到犁沟平直，沟底平整，垡块翻转良好、扣实，以掩埋杂草、肥料和残茬。耕翻后及时用重耙。进行耙糖整地作业，要求土壤散碎良好，地表平整，上虚下实，满足播种要求。

对于实施机械免耕播种的麦田，机械深松作业能疏松土层而不翻转土层，可加深耕作层，打破犁底层，有利于小麦根系下扎，吸收深层土壤水分和养分。同时，深松对土壤搅动少，作物残茬大部分留在地表，有利于保墒和防止风蚀。深松整地深度一般为35～40厘米，稳定性≥80%，土壤膨松度≥40%，深松后应及时合墒。

实施旋耕播种麦田适宜作业的土壤含水量为15%～25%。旋耕深度要达到12厘米以上，旋耕深浅一致，耕深稳定性≥85%，耕后地表平整度≤5%，碎土率≥50%。

4. 旋耕机械播种

机械免耕施肥播种：实施机械免耕播种要求动力配套为55千瓦以上拖拉

机，秸秆还田处理要求田间秸秆覆盖均匀，地表平整，避免秸秆堆积影响免耕播种作业质量。免耕施肥播种机直接进行播种作业，一次性完成旋耕灭茬、化肥深施、小麦播种、镇压保墒等多道工序。小麦免耕施肥播种时，小麦播种时适宜的土壤含水量为 16%～18%，种子的播种深度最好为 3 厘米，墒情较差时最深不超过 5 厘米，化肥播深一般为 8～10 厘米，所施化肥一般应控制在种子侧下方的 4～5 厘米处。小麦亩播种量水浇地一般在 5～10 千克，旱地一般在 12～15 千克。地头留 3～5 米的机组回转地带，一般播种速度控制在 3～4 千米/时，颗粒状化肥含水量≤12%，最好选在玉米秸秆含水量≥41% 时进行。各行排种量一致性变异系数≤3.9%，总排种量稳定性变异系数≤1.3%，各行排肥量一致性变异系数≤13.0%，总排肥量稳定性变异系数≤7.8%，播种均匀性变异系数≤45%，播种深度合格率≥75%，施肥深度合格率≥75%，种肥距离合格率≥80%，播后植被覆盖率≥70%，晾晒率≤2%。播种后地表无亮种、堆种和漏肥、堆肥现象，地表平坦。

　　小麦在播种作业进行镇压是提高播种质量的一项有效措施，进行合理的镇压，能够减少土壤中的大空隙，空气容积量减少，种子带的土壤密度增加，使种子与土壤充分接触，土壤容重≤1.4 克/厘米^3，土壤持水量 65%～70%，镇压时对地面压强，平播时控制在 0.2～0.4 千克/厘米^2，垄种时控制在 0.4～0.5 千克/厘米^2。对保护性耕作的垄沟相间麦田，要选择与垄沟间距相符的凸凹镇压滚。

　　机械精量条播：小麦精播地块播种深度要一致，在墒情足的情况下，播深一般为 3～5 厘米。土壤墒情差，质地较松的沙土地，播种宜深些，土壤水分充足，保水性强的黏土地，播种宜浅些。播种深度合格率≥80%，播种均匀性变异系数≤45%，断条率≤3%，播种量误差为 ±4%，衔接行距合格率≥90%。播种后地表无亮种、堆种现象，地表平坦。种子破碎率应<1%，各行播种量不均匀性<3%，粒距合格率应在 70% 以上，深浅应一致，湿土要直接均匀覆盖种子。

　　对畦作麦田，要选择与畦面宽度相符的圆柱形镇压滚；对旱地平作麦田要选用与拖拉机轮距相配套的圆柱形镇压滚，以求达到较好的镇压效果。

5. 机械灌溉

　　小麦灌溉宜采用节水喷灌方式，其中卷盘式喷灌机较为适用于黄淮海麦区，卷盘式喷灌机的水量分布均匀度≥60%，流量变异系数≤10%，卷盘式喷灌机喷灌作业的地面坡度≤20%，喷灌强度≤8 毫米/时喷灌的雾化指标在 3 000～4 000 千帕/毫米。对于冬小麦中低产田，一般应在 5 厘米地温回升到 5℃ 左右时，再浇返青水，喷灌一般用 20～30 毫米水量（每亩 13～20 米^3）。

6. 机械"一喷三防"

在小麦生产中实施机械化"一喷三防",非内吸性药剂常规量喷雾药液覆盖率≥33%,低量喷雾沉积密度≥25滴/厘米²,雾滴分布均匀度≥50%,作物机械损伤率≤1%。在植保机具选择上,配置中型功率拖拉机,可采用喷杆式喷雾机,机械化植保作业应符合喷雾机(器)作业质量、喷雾机(器)安全施药技术规范等方面的要求。

7. 机械收获

目前小麦联合收获机型号较多,各地可根据实际情况选用。购买联合收获机时,要注意联合收获机割幅与播种机播幅的配合。为提高下茬作物的播种出苗质量,要求小麦联合收获机带有秸秆粉碎及抛撒装置,还田茎秆切碎合格率≥90%,还田茎秆抛撒不均匀率≤10%,确保秸秆在地表均匀分布。收获时间应掌握在蜡熟末期,同时做到割茬高度≤15厘米,收割损失率≤2%,破碎率≤2.0%,含杂率≤2.5%,收获后地表割茬高度一致,无漏割,地头地边处理合理。

二、黄淮海主要小麦机械化生产配套机具

1. 秸秆粉碎还田机

参考机型:河南豪丰机械制造有限公司 1JH-180 型秸秆粉碎还田机,中国一拖集团有限公司 1JH-165Q 秸秆粉碎还田机(图 1-6)。

1JH-180型秸秆粉碎还田机　　　　　　1JH-165Q秸秆粉碎还田机

图 1-6　秸秆粉碎还田机

作业要求:土壤含水量为 10%～20%,根茬含水量小于 25%,碎茬深度≥80毫米,根茬粉碎率≥90%,碎土率≥90%,根茬覆盖率 80%。

2. 撒肥机

参考机型:盐城市威氏机械有限公司 2FX-1200L 撒肥机,江苏闪锐现代农业设备制造有限公司 2FD-750 撒肥机(图 1-7)。

小麦耕地前应施足基肥,提倡用播(撒)肥机精确控制施肥量,提高施肥均匀度。也可将种肥两用播种机的排种管和开沟器卸掉,用排肥器施肥,在精确控制施肥量的同时,还能通过肥料从高处降落并在地面反弹,提高肥料颗粒

2FX-1200撒肥机

2FD-750撒肥机

图 1-7　撒肥机

在田间的分布均匀程度。机械振动易造成复合肥和尿素在肥箱中自动分层，这两种肥料不宜直接混合后施用。提倡采用双肥箱播（撒）肥机，或采用复合肥与尿素分别施肥的方式。

　　撒肥机在大中型拖拉机的牵引下前行，将颗粒肥呈喷射状均匀地撒在田间。每天可作业2 000亩左右，每亩费用为6～7元，工作效率高，作业费用低，值得推广。两种参考机型的性能参数见表1-1。

表 1-1　两种施肥机性能参数

性能参数	施肥机型号	
	2FX-1200L	2FD-750
肥箱容量/升	1 200	750
整机长/毫米	1 800	1 870
整机宽/毫米	1 100	1 080
整机高/毫米	1 450	780
整机重量/千克	438	150
抛撒幅宽/米	30	12
配套动力/马力 *	55～88	22～44
传动轴转速/（转/分）	540/720	540
出肥口孔数	2×2	3
适应肥料类型	颗粒状	颗粒状
作业速度/（千米/时）	2～10	2～10
性能特点	较大面积作业。左右抛盘液压驱动独立控制供肥出口。作业效率高	较小规模作业，动力输出轴驱动，抛撒均匀，机动性好

---

　　* 马力为非法定计量单位，1 马力≈735.5 瓦。——编者注

作业要求：地面平整，坡度不大于5°。在工作过程中可设置一定的标志物，使拖拉机直线行驶。撒肥机在工作时速度不能过快，速度最好在8千米/时左右，要保持匀速行驶。作业时料斗内不得有杂物，排肥口不能堵塞。对于有机肥料，要求无大硬块、少粗长杂草、不黏结、含水量在68%以下。

3. 液压翻转犁

参考机型：河南豪丰农业装备有限公司1LYF-435液压翻转犁，河北锐宏机械制造有限公司1LFT-545液压翻转犁（图1-8）。

1LYF-435液压翻转犁　　　　　　　　1LFT-545液压翻转犁

图1-8　液压翻转犁

作业要求：土壤含水率在15%～25%。66千瓦以上大中型拖拉机牵引，耕深≥20厘米，深浅一致，无重耕或漏耕，耕深及耕宽变异系数≤10%。犁沟平直，沟底平整，垡块翻转良好、扣实，以掩埋杂草、肥料和残茬。

4. 旋耕机

参考机型：中国一拖集团有限公司1GQN-230KD旋耕机，河南豪丰机械制造有限公司1GQN-230旋耕机（图1-9）。

1GQN-230KD旋耕机　　　　　　　　1GQN-230旋耕机

图1-9　旋耕机

作业要求：配套53千瓦以上轮式拖拉机，作业地表应平整，土壤含水率15%～25%，旋耕层深度≥12cm，旋耕深度合格率≥85%，碎土率≥50%，耕深稳定性≥85%，耕后地表平整度≤5%，深浅一致，耕后无漏耕和明显堆土现象，土壤散碎良好，地表平整，满足播种要求。

5. 深松机

参考机型：西安亚澳农机股份有限公司 1S-200 深松机，山东大华机械有限公司 1S-300 型深松机（图 1-10）。

1S-200型深松机　　　　　　　　　　　　1S-300型深松机

图 1-10　深松机

作业要求：凿式深松机深松铲间距调整范围为 40～50 厘米，铲式带翼深松机深松铲间距调整范围为 60～80 厘米；深松深度要达到 25 厘米以上，要求耕深一致，不翻动土壤，不破坏地表覆盖，不产生大土块和明显沟痕，深松沟深度不大于 10 厘米；深松间距均匀，不重不漏，各行深度一致，误差不超过 ±2 厘米。深松后要及时进行地表旋耕整地处理，平整深松沟。一般采用旋耕机进行浅耕整地，旋耕深度应小于 8 厘米。

6. 免耕施肥播种机

参考机型：洛阳市鑫乐机械科技股份有限公司 2BMQF-6/12 免耕施肥播种机，河北农哈哈机械有限公司 2BMFS-6/12 免耕施肥播种机（图 1-11）。

2BMQF-6/12免耕施肥播种机　　　　　　　2BMFS-6/12免耕施肥播种机

图 1-11　免耕施肥播种机

作业要求：小麦免耕播种机一次性完成对土地的开沟、播种、施肥、覆土、镇压等多道工序，对拖拉的动力消耗比较大，需要与 55 千瓦以上动力的拖拉机相配套才能满足它的工作需要。墒好、播种期早则播种量少，墒差、播种期晚则播种量大。种肥要选择颗粒状肥料。因为化肥要机械播施，所以要求用颗粒状化肥，并且，化肥中不能有大于 0.5 厘米的结块。

7. 小麦精量播种机

参考机型：山东大华机械有限公司 2BFJ-9/9 小麦宽幅精量播种机，河北农哈哈机械有限公司 2BXF-16 小麦施肥播种机（图 1-12）。

2BFJ-9/9小麦宽幅精量播种机　　　　　　　2BXF-16小麦施肥播种机

图 1-12　小麦精量播种机

作业要求：小麦精播地块的畦、行要整齐，行距要一致。精量播种麦田全部实行条播，平均行距 18～22 厘米，播深 4～5 厘米，要求用小麦用精播机播种，以求播种量准确、下种均匀、播深一致，从而保证播种质量。播种时要保证种箱内的种子量不小于整箱容量的 1/3，否则会影响排种均匀度。

8. 小麦灌溉机械

参考机型：昆山润兰德机械制造有限公司 JP75-300TX 灌溉车，山东华泰保尔灌溉设备工程有限公司 Aquago Ⅱ 50-170 卷盘式喷灌机（图 1-13）。

JP75-300TX灌溉车　　　　　　　　Aquago Ⅱ 50-170卷盘式喷灌机

图 1-13　小麦灌溉机

作业要求：牵引速度不得超过 5 千米/时，作业时风速不大于 5.5 米/秒，喷头仰角为 10°～20°，牵引车直线行驶，做到不重、不漏。喷灌机运行前应检查各组成部件工作状态是否正常，连接是否可靠。调节喷头车轮距，检查喷嘴，调整喷头喷洒扇形角使其符合设计要求；喷头车平衡块位置应符合平衡要求；接通喷灌机的供水系统，准备供水。喷灌机转移前应升起喷头车，收起支撑架，将绞盘回复到搬运位置，并分别锁定。

9. 小麦植保机械

参考机型：常州雪绒花机械制造有限公司雪绒花 3WP-800 喷杆喷雾机，富锦市立兴植保机械制造有限公司 3WPX-1000 悬挂式打药机（图 1-14）。

3WP-800喷杆喷雾机   3WPX-1000悬挂式打药机

图 1-14　小麦植保机械

作业要求：顺向作业，要求喷头与作物距离 45～60 厘米。喷药作业要掌握有利的时机适时进行，根据药剂性能按农艺要求进行喷施，喷药量和喷液量准确，喷洒均匀，不漏喷、重喷，无后滴。喷药前机组要进行喷嘴流量的测定，各喷头流量差不大于 3％，实际喷液和计划喷液量误差不大于 5％，超出者不允许参加作业。作业前搞好田间区划、地头留地头线，并做好标记避免重漏。各喷头喷洒均匀，雾化良好，不漏喷，相邻喷头重复宽度为 5～15 厘米，且宽度一致，往复喷洒重复宽度不大于 30 厘米。喷药机车要恒速作业，速度小于 7 千米/时，单位面积施药量要准确，往复核对地块结清。把握喷药的适宜量，风力在 3 级以上或空气相对湿度低于 65％不允许喷药。

10. 小麦收获机械

参考机型：洛阳中收机械装备有限公司 4LZ-8B1 联合收获机，福田雷沃国际重工股份有限公司 GM80 联合收获机（图 1-15）。

4LZ-8B1联合收获机   GM80联合收获机

图 1-15　小麦联合收获机

作业要求：作业地块的条件应基本符合机具的作业适应范围，收获应在小麦的蜡熟期或完熟期前进行。地块中应基本无自然落粒，作物不倒伏、地表无积水，小麦籽粒含水率为 10%～20%，茎秆含水率为 20%～30%。拨禾轮高低位置应使拨禾板作用在被切割作物 2/3 处，拨禾弹齿后倾 15°～30°。调整作业幅宽，保证作物喂入均匀，适当提高脱粒滚筒的转速，减小滚筒与凹板之间的间隙，调整入口与出口间隙之比为 4：1 左右。半喂入式和梳脱式联合收获机，要求小麦的自然高度为 550～1 300 毫米，穗幅差≤250 毫米。作业后，收获机应及时清仓，防止病虫害跨地区传播。

第四节　我国小麦机械化收获生产发展

中国小麦收获机械化发展始于 20 世纪 50 年代初。经过引进、仿制、自行研制开发过程，已经形成大中小型、轮式、履带等各种类型和系列，能满足我国小麦收获机械化需求，甚至在一些方面接近国际先进水平。小麦收获在三大粮食作物生产中机械化生产水平最高，基本实现了机械化。

小麦收获机械化的发展得益于以下三个方面：一是收获机械产品技术成熟；二是跨区作业服务市场兴起，小麦联合收获机作业经营不仅有利可图，而且提高了机器利用率，缩短了投资回收期，带动了联合收获机市场的发展；三是农机购置补贴等政府支持、引导，确保了小麦跨区机收持续、健康发展。

我国收获机械技术发展较晚，大致经过了四个发展阶段。起步阶段：1952年我国研制了第一台收获机，标志着我国小麦收获机械发展开始，小麦收获从镰刀收获、畜力拉动碌子碾压脱粒、人力或风机扬场清选开始转向机械化收获。发展阶段：1958 年研制出高产 2 号半喂入联合收获机，由于研发条件所限，所研究的机器与国情有偏差，再加上工业水平差，制造质量存在不足，推广量有限。技术引进阶段：1971 年，韩丁先生应周恩来总理之邀重返中国，带来了欧美先进国家的先进农业机械装备和生产理念，奠定了我国稻麦收获机械的发展基础。快速发展阶段：20 世纪 90 年代，在国家政策的大力支持下，我国稻麦收获机械得到快速发展，以年增长 3 万～5 万台的速度增长，到 21世纪初已经基本实现了稻麦收获的机械化。

目前我国小麦收获大部分地区采用联合作业方式。小麦联合收割技术发展以全喂入式为主，半喂入式联合收割技术发展缓慢。轮式小麦联合收获机方面，中小型小麦联合收获机喂入量逐步稳定在 5～7 千克/秒，同时，逐步向 8千克/秒发展。此外，10～12 千克/秒纵轴流技术逐步成熟，逐渐成为大型小麦联合收获机主推技术，产品功能正在向兼收多种作物发展，实现一机多用。雷沃谷神 GM80、中联重科 8BZ 以及久保田 PRO100 等小麦收获机型纵轴流技术在国内应用推广，底盘静液压驱动，后侧排草技术，以及适应于小地块（如育种试验田）、深泥脚田的履带式全喂入式联合收割技术逐步得以发展应用。履带式小麦联合收获机方面，4～5千克/秒纵轴流产品已成为主导产品，中小型农场正向5～6千克/秒纵轴流产品发展，丘陵山区重点以1.5～2千克/秒产品为主导，多数产品逐渐向多种作物收获功能拓展，高地隙底盘驱动技术、大排量液压无级变速器差动转向技术、整机系统集成与可靠性技术得到稳步发展。

第二章 小麦收获机械技术

第一节 小麦收获机械技术概述

　　小麦收获作业是小麦生产过程中的重要环节，是夺取丰产丰收的最后一道关键工作。其特点是工作量大、收获时间集中、容易遭受自然灾害的侵袭而造成巨大的损失。正确组织和运用小麦收获机械，适时进行收获作业，在最短的时间内，以最快的速度和最优的质量完成收获任务，避开自然灾害的侵袭，对确保丰产丰收具有重要的意义。在我国，各类小麦联合收获机的广泛使用，极大地提高了劳动生产率，减轻了劳动强度。

一、小麦联合收获机械技术

　　国外收获机械发展比较有代表性的国家为欧美国家及日本等。欧美国家机型大，生产率高，适合较大规模的生产条件；日本则以中小型收获机械为主，机型小，生产率相对较低，但其收获机械在性能、自动化程度等许多方面都达到了相当高的水平。这些国家具有驰名的联合收获机品牌和生产企业，生产的联合收获机在总功率、作业效率、作业质量、无故障率等方面长期处于世界领先水平。如美国的约翰迪尔（John Deere）、凯斯（CASE）和爱科（AGCO）旗下的麦赛福格森（Massey Ferguson），德国的克拉斯（CLAAS），英国的谢尔本（Shelbourne）、意大利的纽荷兰（New Holland），日本的久保田（Kubota）、洋马（YANMAR）等。国外收获机械的发展主要表现在：在传统的收获机械上增设了电液自动化控制系统，如凯斯公司的 2300 系列大型联合收获机上设置了 GPS 接收装置，为精确农业的发展奠定了基础；在收获工艺路线上有的突破了传统方式，实现割前脱粒，如英国的谢尔本公司生产的梳脱台式谷物收获机等。总之，收获机械正向着自动化、实用化、多样化方向发展。

　　随着农业生产规模化、集约化、标准化发展和小麦收获对大喂入量联合收获机需求不断加大，我国小麦联合收获机技术开始由横轴流技术向纵轴流技术发展。纵轴流联合收获机技术具有脱粒分离时间长、脱粒适应性强、脱粒柔和、功耗小、能保证高效高质量脱粒效果等优点。美国的约翰迪尔、凯斯、爱科和德国的克拉斯等谷物收获机械企业多采用单纵轴流、切流＋纵轴流或切流＋双纵轴流脱粒装置。而单纵轴流脱粒装置结构紧凑，更加适应国内市场，被国内多家联合收获机厂商采用，雷沃重工和中联重科同时在 2017 年推出 GM80 型和 8BZ1 型单纵轴流机型，之后金大丰、巨明、沃得、中国一拖等企业跟进研发出单纵轴流谷物联合收获机。

联合收获机械作业技术主要有两种技术模式，其一是在保证可接受机械收获损失率下的高效收获模式，其二是规定喂入量下低损收获模式。小麦收获作业窗口期短，烂场雨等各种自然灾害损失大，此外，小麦联合收获机收获作业过程中，受到小麦种植密度、植株高度、割茬高度等因素的影响，同一台联合收获机的喂入量会随田间作业环境和状态变化。喂入量过低会导致收获效率下降，喂入量过高造成物料运移不畅，出现拥堵，增大收获损失。我国纵轴流小麦联合收获机技术处于技术引进阶段，加之我国小麦品种多样，品种利用差异大，小麦种植模式不同，小麦收获期植株生物特性和生物量差异较大，联合收获机的设计研发缺少必要的设计理论和方法，没有成熟的技术和理论方法可供借鉴，结构模仿和经验设计无法全面地解决物料喂入输送系统拥堵等问题。

在小麦联合收获机割台研究方面，目前的研究主要集中在对已有机构的作业参数优化以及运动动力学分析上。为了提高喂入量的稳定性、降低整机各环节的负荷波动，庄肖波等（2020）提出一种基于鲁棒反馈线性化的割台高度控制策略，该方法可以使割台跟随地面起伏进行俯仰控制调节。为了减少作物损失率，提高联合收获机的整机性能，肖洋轶等（2020）针对约翰迪尔 C230 谷物联合收获机设计了一种偏心拨禾轮，通过建立不同驱动，对不同工况下的拨禾装置进行仿真分析，获得拨禾装置的作用范围等相关参数。

在小麦脱粒分离装置研究方面，为有效解决纵轴流联合收获机在收获稻麦时出现的滚筒堵塞、破碎率高、脱粒不干净、分离不彻底的问题，滕悦江等（2020）设计了一种分段式纵轴流脱粒分离装置。通过多目标参数优化分析，确定装置进行小麦脱粒的最优作业参数组合为脱粒滚筒转速 905 转/分、导流板角度 69°、凹板筛脱粒间隙 18 毫米、凹板筛分离间隙 19 毫米、喂入量 4 千克/秒。赵瑞男等（2020）根据裸燕麦轴流脱粒与分离试验台，对两种脱粒滚筒在转速 500 转/分、800 转/分，其他工况不变的情况下进行台架试验，分析了脱粒分离试验时的功耗消耗、脱出物轴向分布情况、脱出物中总损失率以及杂余率等参数。

在小麦清选装置研究方面，近年来，国外大型联合收获机的清选装置已基本实现信息化，国内大部分产品还处于对传统清选装置进行升级改装的阶段。

冷峻等（2020）以雷沃重工 RG-60 型联合收获机为研究对象，通过田间试验测试了清选装置上筛面风速分布情况，对清选装置内部脱出混合物的受力和运动速度进行了分析，对清选装置的结构进行仿真优化。金诚谦等（2020）通过台架试验分别对双出风口多风道清选装置主要作业参数（喂入量，风门开度，风机转速，上、下导风板角度）进行单因素与多因素优化试验，探究各试验因素对清选损失率、含杂率、二次含杂率的影响规律，寻找最优参数组合。在小麦联合收获机行走系统研究方面，姚呈祥等（2020）提出一种能够实现仿形行走的新型橡胶履带自走式联合收获机行走底盘方案。丁幼春等（2020）设计了一种基于单神经元 PID（进程控制符）的联合收获机导航控制器。

我国谷物联合收获机普遍存在作业性能和效率难以兼顾、适应性不强、信息化智能化程度较低等问题。对联合收获机参数的监测主要集中在谷物水分、谷物流量、籽粒损失监测方面；对联合收获机清选装置结构配置的研究集中在多风机、多层振动筛、抖动板方面；对联合收获机调节控制的研究集中在割台高度自动控制、行走速度自动控制（李新成，2020）。如莫恭武、金诚谦等（2020）利用机器视觉技术，鉴别谷物颜色、形状、纹理，能够实现对完整籽粒、破碎籽粒、杂质等成分的快速有效识别；冉军辉等（2020）将预测控制、模糊控制、自适应控制、神经网络控制等智能控制新技术应用到联合收获机自动控制中，为研究联合收获机作业状态的自动控制提供了新思路。

在联合收获智能检测技术研究方面，为了实现机械化收获小麦含杂率的快速检测，农业农村部南京农业机械化研究所陈满人（2019）利用 ASD FieldSpec 4 Wide-Res 型地物光谱仪获取小麦样本的原始光谱，并构建了基于不同指标的小麦样本含杂率的反演模型，在此基础上对反演结果进行精度验证和比较，建立的机械化收获小麦样本含杂率光谱反演模型能够实现含杂率的精准识别，可为后续构建便携式含杂率光谱检测仪提供参考，有助于客观、定量地表征机械化收获的小麦含杂率，为机械化收获的小麦的快速检测提供新途径。为给联合收获机谷物含水率在线检测提供一种简单、高速且精度高的方法和设备，农业农村部南京农业机械化研究所李泽峰（2019）基于电容法检测原理，设计一种谷物水分在线检测装置，该装置以 STM32103 单片机为控制器，利用平行板式电容传感器和 DS18B20 温度传感器分别测量待测谷物电容和温度。对于含水率 10%～25% 的小麦样品，测量值与实际含水率平均相对误差小于 1%，灵敏度为 0.2%，检测周期为 17 秒；对于含水率 25%～32% 的小麦样品，测量值与实际含水率平均相对误差小于 3.5%，灵敏度小于 0.5%。针对小麦影响联合收获机的自动化收割问题，西北农林科技大学刘美辰等（2019）提出了一种收获作业时小麦倒伏检测方法，根据不同反射面介质对激光信号的反射特性不同，用实测的数据对激光回波信号强度信息进行统计界定；同时提出了一种融合激光距离的强度信息中值滤波算法，实现了结合激光距离信息和强度信息对小麦割茬区、倒伏区和未倒伏作物区进行识别。为了能够实时、准确地获取联合收获机作业过程中的喂入量信息，中国农业大学张振乾等（2019）设计了基于割台传动轴扭矩的喂入量监测系统，建立了喂入量预测模型，并对喂入量监测系统的扭矩信号、转速信号和 GPS 信号进行了分析与处理。试验结果表明，该系统运行稳定，通信良好，一元线性回归模型预测决定系数为 0.755。滤波方法能够有效地滤除噪声，滤波后预测决定系数提高至 0.852，能够在一定程度上满足联合收获机喂入量监测的实际需要。为了保证收获机械基本处于额定作业负荷范围内，西南大学钱晓胜等（2019）在理论上推导了收获机电动脱粒滚筒的扭矩与其驱动电机电流之间的数学关系，通过实验室试验得到收获机处于额定负荷下对应的电机负载电流和脱粒滚筒转速，并作为控制基准，在收获机实际作业过程中周期性检测电流和转速参数并与基准范围进行比较后，通过显示装置提示操作人员控制收获机的作业速度，该负荷检测系统可以为操作人员控制收获机提供实时可靠的提示。

针对国内外农机装备智能化发展及设备物联远程网控需求，浙江工业大学蒋建东等（2019）基于 ISO 11783 系列标准，提出并设计了联合收获机智能CAN（控制器局域网络）总线方案及其应用系统，经试验验证该方案满足了联合收获机智能远程网控 CAN 总线系统的设计要求。为了准确获取冬小麦农田产量空间差异性信息，提升产量监测系统的采集精度与产量空间分布图的插值精度，中国农业大学张振乾等（2019）采用研发的收获机产量实时监测系统，从绘制准确的产量空间分布图入手，对 2013—2015 年的小麦产量数据进行了插值及空间变异性分析，结果表明：阈值滤波的预处理方法可以有效剔除产量异常值，还原真实田间产量分布情况。江苏大学徐立章等（2019）提出了一种基于机载激光雷达的大面积成熟作物收获信息快速获取方法，采用无人机搭载激光雷达测量系统，大面积快速获取成熟作物的三维点云数据，经离线处理后，获得基于地理位置信息的株高、穗层、密度等作物属性信息，生成基于地理位置信息的株高、穗层和密度分布情况，为联合收获机精准收获及智能控制提供核心数据支持。

国外发达国家小麦联合收割技术已经成熟，当前以发展大型全喂入式轴流或切流联合收割技术为主，正朝着精良化、高效化和智能化方向发展，大功率发动机、智能监控系统和 GPS 辅助系统在联合收获机获得广泛应用，同时对割台、脱粒、分离、清选和集粮等关键部件不断进行技术改造与创新。

二、谷物收获方法

因小麦种植区域不同，自然条件不同，机械化程度和技术水平存在一定的差异，小麦机械化收获方法主要有以下 2 种。

1. 分段收获法

分段收获法机械收获过程分两个阶段，第一步是在作物的蜡熟中期至蜡熟末期（此时千粒重最高、品质最好）把作物割倒，按一定的技术要求铺放晾晒；第二步是用联合收获机换装拾禾器进行拾禾、脱粒、清选等，完成整个收获过程。

这种收获方法的优点是使用的机具结构简单，设备投资少，在联合收获机保有量不足，不能在作物最佳收割期内完成收获任务的情况下，进行提前收割，争取农时，弥补机力不足的矛盾，实现丰产丰收。但劳动强度较大，工序多，多次触碰小麦，导致籽粒脱落的损失加大，生产率较低。

2. 联合收获法

联合收获法又称直接收获法，是用联合收获机在小麦蜡熟末期开始一次性完成收割、脱粒、分离、清选等工作。与分段收获相比有以下几个优点：

①田间作业程序少，整个收获作业过程使用机器种类少，动力消耗和辅助工序少。

②机械化水平高、劳动生产率高、总收获损失少。

③能及时腾地清田，便于下茬作物播种。

实施联合收获作业，一是要有足够的机具保证，确保在作物的最佳收获期内实现颗粒归仓；二是准确地掌握收获时期。俗话说"早收伤镰、晚收落镰"，只有适期收割才能真正实现丰产丰收、颗粒归仓，并可降低联合收获作业机械功耗，提高作业质量。

小麦收获机械跨区作业可以弥补一些地区收获作业机械保有量的不足，充分提高收获机械利用率。关键是农机生产管理部门要组织好跨区作业生产，协调各地区、各个生产单位，充分发挥机具的力量，在作物的最佳收获期完成收获作业。

三、机械化收获对小麦品种性状要求

机械化收获对小麦品种性状的要求如下：

①株型紧凑或半紧凑，分蘖成穗率高，穗层整齐度好。

②根系发达、茎秆坚韧，抗倒伏、抗穗发芽能力强。

③抗病性强，中抗赤霉病，兼抗条锈病、白粉病、纹枯病。

④成熟时落黄好，成熟度一致，灌浆完成后脱水快，含水率低。

四、小麦联合收获机械化作业要求

小麦联合收获机械化作业要求如下：

①根据作物的生长特性和当地的自然条件，适时进行收割作业。小麦直接收获的最佳时期从蜡熟末期开始，至完熟期结束。

②留茬高度应根据当地的耕作制度灵活掌握，原则是有利于丰产丰收、颗粒归仓，有利于下茬作物的种植、管理，有利于对土壤的维护。

③小麦联合收获时田间总损失率小于2%，籽粒破碎率小于1.5%，粮食清洁率大于98%。

④需要秸秆还田时，秸秆切碎均匀、抛撒均匀，为下茬作业创造条件。

第二节　小麦收获机结构原理

一、联合收获机结构原理

小麦联合收获机是将收获机和脱粒装置通过中间输送装置、传动装置、行走装置、操作控制装置等有机地结合成一体的自走式机械。它能同时完成作物的收割、脱粒、分离、清选和秸秆处理等多项作业，从而获得比较清洁的籽粒。图2-1是一台横轴流小麦联合收获机的基本结构。一台小麦联合收获机主要由驾驶室、过桥、拨禾轮、割台、前驱动桥、切流滚筒、横轴流滚筒、转向桥、卸粮筒、发动机、粮箱等部分组成。

收获机工作时，行内谷物茎秆被分禾器集束引向切割区，并在拨禾轮的后向推送扶持下被切割器切割，随即倒向输送带（也可能是螺旋搅龙）被传出。

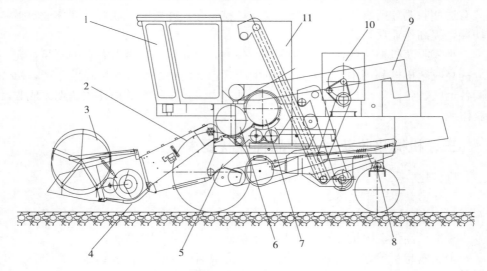

图 2-1　横轴流小麦联合收获机基本结构

1. 驾驶室　2. 过桥　3. 拨禾轮　4. 割台　5. 前驱动桥　6. 切流滚筒　7. 横轴流滚筒

8. 转向桥　9. 卸粮筒　10. 发动机　11. 粮箱

二、小麦联合收获机工作过程

小麦联合收获机在机器进入田间作业时，随着机器的前进，左、右分禾器将作物分为即割区与待割区。作物进入即割区，拨禾轮、输送带和切割器由发动机动力输出驱动工作，由拨禾轮拨向割刀处切割，随即被推倒到割台上，割台输送搅龙将割倒的作物向一侧推送到伸缩拨指机构处，由拨指机构将源源不断送来的作物以一定的速度向后抛送给中间输送槽，通过输送槽耙齿的抓取作用，将作物不断地送给脱粒机构，作物在脱粒滚筒钉齿高速打击的同时沿螺旋运动不断与凹板筛产生搓擦、碰撞，使谷粒和部分短茎秆分离出来，随即通过凹板，落到振动筛上。未通过凹板的大量茎秆，在滚筒高速回转的作用下，被排草板抛出机外。通过凹板的混杂物所含籽粒不断受到振动筛的抖动和推送，谷粒穿过筛孔落到集谷箱内，筛面上的短秆和轻小杂余，由于筛面的阻隔和清选风扇气流的作用，从筛尾抛出机外。而进入集谷搅龙的谷粒，经过提升搅龙进入粮箱，随即装包或卸进运输车，完成了联合收获的全过程。图 2-2 是小麦联合收获机工作过程。

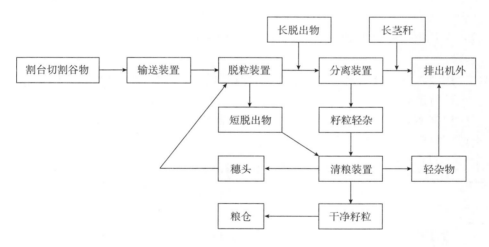

图 2-2　小麦联合收获机工作过程

第三节　小麦联合收获机类型与适应性

一、联合收获机的分类

按动力配置可将联合收获机分为牵引式、自走式、背负式三种。牵引式联合收获机是指由拖拉机牵引作业的联合收获机，这种联合收获机又可分为自带动力与不带动力两种。牵引式联合收获机结构较为简单，但机组较庞大，机动性能差，不能自行开道，不适合小块作业，在我国应用较少。自走式联合收获机是指行走、收割、脱粒、清选所需要动力均由本机自备发动机供给的联合收获机。与牵引式联合收获机相比，自走式联合收获机的特点是机动性好，自行开道，转移方便，生产效率高，但造价较高，动力利用率低。背负式联合收获机（也称悬挂式联合收获机）是指收获机工作部分悬挂在拖拉机或通用底盘上的联合收获机。背负式联合收割机基本上保持了自走式的优点，克服了自走式动力利用率低的缺点，造价较低，但因总体设计受拖拉机结构的限制，输送机构距离加长，清选机构缩短，传动较为复杂。

按喂入方式分类可将联合收获机分为全喂入式和半喂入式。全喂入联合收获机是指割台切割下来的谷物全部进入脱粒滚筒脱粒的联合收获机。收割麦类作物的联合收获机大多采用这种喂入方式，其缺点是茎秆不完整，动力消耗大。半喂入联合收获机是指割台切割下来的作物仅穗头部进入脱粒滚筒脱粒的联合收获机。这种机型保持了茎秆的完整性，减少了脱粒、清选的功率消耗。目前南方水稻产区多使用这种喂入方式的联合收获机。但半喂入联合收割机输送茎秆传动机构复杂，制造成本高。还有一种摘穗式联合收获机（又称梳脱式联合收获机），这种机型是近几年开始研究开发的。收获作业时，割台只收谷粒，先脱粒后切割作物茎秆。这种结构作业效率高，消耗功率少，但损失率相对较高。

按喂入量（或割幅）分，小麦联合收获机可分为大型、中型、小型三种。

按行走装置来分，小麦联合收获机可分为轮式和履带式 2 种。

根据 NY/T 2090—2011《谷物联合收割机　质量评价技术规范》小麦联合收割机作业性能应符合表 2-1 规定。

表 2-1　小麦联合收割机作业性能指标

项目	不同机型的质量指标	
	自走式	背负式
生产率/（公顷/时）	不低于产品明示规定值上限的 80%	
损失率/%	≤1.2	≤1.5
含杂率/%	≤2.0	≤2.0
破碎率/%	≤1.0	≤1.0

评价小麦联合收获机收获质量及作业效率的技术指标主要包括生产率、损失率、破碎率和含杂率。生产率主要指联合收获机每小时收割作业面积，与收获机喂入量、脱粒效率等有关。损失率主要指单位面积内未被联合收获机收获的籽粒重量与实际产量的比值，联合收获机总损失主要包括由切割输送过程产

生的割台损失、脱粒分离产生的夹带损失和清选过程产生的清选损失三部分。破碎率主要指联合收获机粮仓内破碎籽粒重量占总取样粮食重量的比例，主要由脱粒过程产生。含杂率主要指联合收获机粮仓内杂质重量占总取样粮食重量的比例，主要由于清选系统清选不彻底导致。生产率、损失率和破碎率均与联合收获机脱粒分离系统有关。

作为联合收获机中最核心工作部件之一，脱粒分离系统主要由喂入机构、滚筒、凹板等构成，其主要功能是将籽粒从穗头脱掉，将秸秆等杂余排出脱粒室。联合收获机生产率、损失率和破碎率很大程度上取决于脱粒分离系统的性能。

脱粒分离装置不仅要具备破碎率低、脱净率高、分离性能好等优点，而且要对作物的种类、品种、水分含量等有很强的适应性。但是，在脱粒过程中提高了脱净率，破碎率也会随之增大，为解决该矛盾性问题，出现了不同结构形式的脱粒装置。联合收获机上的脱粒分离装置大多都是滚筒式，根据作物沿脱粒滚筒运动的方向不同，把脱粒分离装置分为切流型、轴流型（横轴流、纵轴流）和切轴流组合型，如图 2-3 所示。

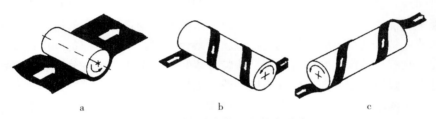

图 2-3　脱粒分离装置的基本形式
a. 切流型　b. 横轴流　c. 纵轴流

1. 切流型

切流型联合收获机采用切流型脱粒装置与键式逐稿器，实现作物的脱粒和分离过程。在切流型脱粒装置中，作物会沿脱粒滚筒的切线方向喂入，转过一定角度后被排出，在通过凹板间隙过程中被脱粒，脱粒后又从切线方向排出，如图 2-3a 和图 2-4 所示。作物在该脱粒装置内的行程小、脱粒时间少、滚筒转速高。该装置具有一定的分离功能，但是仍然以脱粒为主，必须与分离装置配合才能完成作物的脱粒与分离全过程。利用逐稿器对脱出混合物进行后续分离，因逐稿器尺寸一般较大，故这种装置会使整机体积庞大，在狭小地块转弯困难，不适合小地块使用，广泛使用在大型农场等收获区域。

2. 轴流型

轴流型联合收获机采用轴流型脱粒装置。谷物进入轴流型脱粒分离装置

图 2-4　切流型脱粒装置

后，沿脱粒滚筒做螺旋运动。作物在轴流型脱粒装置中，既有旋转运动同时有轴向运动，作物在轴流型脱粒装置中的行程、运动圈数要比切流型脱粒装置多。轴流型脱粒装置在设计时使用较大凹板间隙、较低滚筒转速，脱粒过程持续时间长、脱粒过程轻缓柔和，被滚筒和凹板反复作用多次，具有脱净率高和破碎率低等优点，对玉米、小麦、大豆、水稻等作物具有很强的适应性。该装置的特点是作物进行脱粒的同时把籽粒和杂余分离，不必再配备分离装置，大大简化收获机结构，又称为轴流型脱粒分离装置。轴流型脱粒分离装置按照作物进入脱粒滚筒的方向不同分为横轴流、纵轴流 2 种。

（1）横轴流　横轴流是作物沿滚筒切向喂入、轴向输送和切向排出，即作物从横轴流滚筒的一端沿切线方向喂入，沿脱粒滚筒轴向做螺旋运动完成脱粒、分离工作，脱粒后的茎秆从滚筒的另一端排出，如图 2-3b 和图 2-5 所示。横轴流布置脱粒滚筒使物料柔和地通过脱粒室，脱粒之前不会改变运动方向，滚筒设计与机器前进方向呈 90°，谷物从滚筒的一端喂入，沿滚筒的轴向做螺旋运动，一边脱粒一边分离，最后经另一端排出。它的优点是：横轴流布置，360°分离。

横轴流滚筒虽然其只占据驾驶室后下方的一小部分，如果长度较大，同样也会使整机体积庞大，由于其长度受到限制，一般安装在中小型联合收获机上。当高茬收割作物时，由于秸秆喂入量同比减小，谷物颗粒相对占比提高，故滚筒的分离能力较好，效率大幅度提高，但收割位置较高，影响秸秆的回收利用，秸茬也会影响后续的旋耕效果。低茬收割时会避免这一问题，但秸秆相对占比增加，使喂入量增大，滚筒的脱粒和分离能力都受到不同程度的影响，效率降低，解决措施是放慢行进速度，使滚筒内的作物得以充分"消化"。因作物在滚筒内横向移动，故在清晨、傍晚及雨后等时段作业时，作物较潮湿，

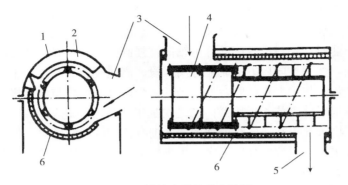

图 2-5　横轴流脱粒分离装置

1. 顶盖　2. 螺旋导流板　3. 喂入口　4. 纹杆和钉齿组合滚筒
5. 排出口　6. 栅格式凹板

容易堵塞滚筒，给收获带来不便。

（2）纵轴流　纵轴流是作物沿滚筒轴向喂入、轴向输送和轴向排出，即作物从滚筒前端沿轴向喂入，作物进入脱粒分离装置后沿滚筒轴向做螺旋运动，同时脱下来的籽粒经过凹板筛孔分离出来，脱粒完成后的茎秆从滚筒后端沿轴向排出，如图 2-3c 和图 2-6 所示。纵轴流脱粒滚筒按脱粒进程分为喂入段、脱粒段、分离段和排杂段 4 部分。喂入段主要是在螺旋喂入头的作用下把物料顺利、连续、均匀地喂入脱粒装置中。脱粒段位于脱粒装置的前段，其主要作用是依靠脱粒元件、脱粒凹板对物料进行击打、碰撞、揉搓，实现脱粒过程。在脱粒的同时，脱下的籽粒经过脱粒凹板进行分离，具有一定的分离功能。分离段位于脱粒装置的后段，其主要作用是已脱下的籽粒经过分离凹板与秸秆、杂余等进行快速、有效分离，保证良好的分离效果。同时，对未脱净的物料起着进一步脱粒的作用，达到提高脱净率的目的。位于脱粒滚筒末端的排杂段主要作用是把脱粒、分离完成后的秸秆、杂余等从脱粒装置的排杂口顺利排出。

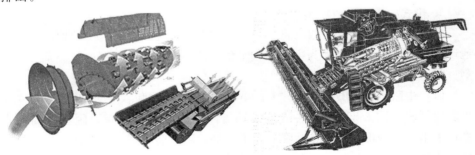

图 2-6　纵轴流脱粒分离装置

小麦联合收获机采用纵轴流脱粒装置，是一种较新的结构形式。纵轴流滚筒主要由喂入螺旋叶片和脱粒分离部件构成。滚筒轴向与收获机的行进方向一致。收获作业时，物料沿螺旋叶片由轴向被强制喂入，物料在螺旋叶片处的运动速度很快，然后推向后方的脱粒分离区段。高速旋转的叶片产生一股强烈的持续的吸气流，将大大降低割台上飞扬的灰尘。这种结构与传统机型有较大区别：一是取消了分离装置逐稿器；二是增加了主锥形齿轮箱和副锥形齿轮箱。其优点是：极大地提高了作物处理效率，拥有极佳的脱粒效果；加长滚筒设计使脱粒行程更长，脱粒更彻底干净；机身更窄，便于整机运输。其缺点是：叶片作用强度大，功率消耗较大。

3. 切轴流组合型

切轴流组合型脱粒装置，为克服单一轴流型脱粒分离装置的缺点，吸收切流型脱粒装置的优点，将二者结合在一起构成切轴流组合型脱粒分离装置。在轴流滚筒前端配置一个切流滚筒，使容易脱粒的籽粒先行脱粒分离，同时可以提高轴流滚筒的喂入速度，喂入更加均匀，提高喂入量。切流与双纵轴流组合式脱粒分离装置如图 2-7 所示。

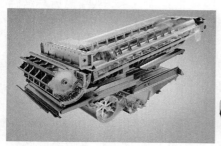

图 2-7　切流与双纵轴流组合式脱粒分离装置

二、小麦联合收获适用机型

1. 轮式小麦联合收获机

自走轮式全喂入联合收获机比较适合华北、东北、西北、中原地区以及旱地环境作业，以收获小麦为主，兼收水稻，适合于长距离转移，曾经是异地收割、跨区作业的主要机型。

（1）中联谷王 TB70（4LZ-7B）小麦收割机　中联谷王 TB70（4LZ-7B）小麦收割机（图 2-8）采用切流加横轴流滚筒脱粒分离装置，脱粒分离能力强；采用 920 毫米加宽过桥，喂入通道通畅，输送能力强，作业速度快、效率高；加宽清选室，长抖动板与双层振动筛异向运动，提高清选能力，清选效果好。采用散热器防护罩，保证机器在恶劣的工作条件下长时间工作，无须人工经常清理；采用加强型变速箱，加大型离合器，承载能力强，工作可靠。人机工程优化设计，可配备空调，提高驾乘舒适性。采用新型组合仪表，具有水温、油压和油量报警功能，显示效果好、可靠性高；卫星定位，可视摄像头和倒车雷达组合，驾驶方便、安全；粮箱可选择配置1.5米卸粮筒、2.2米卸粮筒或隐藏式卸粮斗，适应性好；更换相应附件可收获水稻等作物，适应性广，综合经济效益高；可选装秸秆切碎装置，满足秸秆还田需求。中联谷王 TB70（4LZ-7B）小麦收割机主要技术参数如表 2-2 所示。

图 2-8　中联谷王 TB70（4LZ-7B）小麦收割机

表 2-2　中联谷王 TB70（4LZ-7B）小麦收割机主要技术参数

项目	参数
外形尺寸（长×宽×高）/（毫米×毫米×毫米）	6 600×3 000×3 420
喂入量/（千克/秒）	7
割幅/毫米	2 750
配套动力/千瓦	92
生产率/（公顷/时）	0.6～1.4
柴油箱容积/升	245
脱粒分离形式	切流＋横轴流滚筒脱粒分离
粮箱容积/米^3	2
整机质量/千克	5 100

（2）雷沃谷神 GK120（4LZ-12K）小麦联合收割机　雷沃谷神 GK120（4LZ-12K）小麦联合收割机（图 2-9）适应能力强，可实现一机多用；行走系统配装静液压驱动装置，同等挡位比机械换挡机型行走速度快。脱粒滚筒采用液压无级变速调节，在驾驶室内通过按键可实现 300～900 转/分无级调速；采用国际先进的

大直径纵轴流脱分技术,滚筒直径×长度为 660 毫米×3 015毫米,脱分面积大,破碎率低;采用液压旋转加高卸粮筒,卸粮高度达 4.5 米以上,适应不同高度的接粮车,提高作业效率;籽粒升运器加宽至 202 毫米,提升升运速度,籽粒升运能力强;采用折叠式 7 米³ 大粮仓,粮仓容积大,减少卸粮次数,提高作业效率;采用加宽清选室,清选宽度达 1.3 米,清选面积达 4.3 米²,并采用大直径离心风机,清选干净,不跑粮;配置鱼鳞筛及编织筛,可根据收获作物的不同进行更换,适应能力强;三叉臂处增加胶皮密封,密封效果好,降低漏粮损失;配置两种不同结构脱粒凹板,降低作物破碎率,适应多种作物,适应早期收获。

图 2-9 雷沃谷神 GK120(4LZ-12K)小麦联合收割机

配置液压助力制动系统,操作轻便,制动可靠,具有良好的舒适性。静液压驱动,电控操作,割台、拨禾轮、行走系统、后退操纵集成一体,取消换挡离合,操作方便;悬浮式减震座椅,可根据人体重量自动调节,驾乘舒适,减轻劳动强度;可视系统升级,倒车、发动机舱、粮箱充满度三路可视,操作方便,降低驾驶员疲劳程度;标配多路监控系统,根据不同作物,滚筒报警转速可调,及时控制故障的发生;配置新型暖风驾驶室,自下而上的风道可有效防止前挡风玻璃结霜,视野开阔;配装玉柴双功率发动机,根据工况在作业或转移时,动力可一键切换,节能环保,油耗量降低。雷沃谷神 GK120(4LZ-12K)小麦联合收割机主要技术参数如表 2-3 所示。

表 2-3 雷沃谷神 GK120(4LZ-12K)小麦联合收割机主要技术参数

项目	参数
外形尺寸(长×宽×高)/(毫米×毫米×毫米)	9 520×5 700×4 400
喂入量/(千克/秒)	12

（续）

项目	参数
割幅/毫米	5 340
最小离地间隙/毫米	370
配套动力/千瓦	162
生产率/（公顷/时）	1.0~1.8
脱粒分离方式	单纵轴流
粮仓容积/米^3	7
整机质量/千克	12 190
清选方式	风筛式

（3）凯斯 Axial Flow 6140 轴流滚筒联合收割机 凯斯 Axial Flow 6140 轴流滚筒联合收割机（图 2-10）配备生产率高、传动部件少、设计简单而可靠的轴流滚筒。其核心优势为：设计使用简便，收获谷物质量高；收获损失小，对不同作物适应性强。整机传动结构简单，一根传动轴驱动 5 根皮带和 3 根链条，其他均由液压驱动，整机质量轻，在泥泞和易陷车地块优势明显，通过性强。粮箱容积 10.6 米^3，粮箱盖可在驾驶室内一键控制打开和关闭；卸粮速率达到 0.113 米^3/秒，整体构架重新设计加固。驾驶空间宽敞，驾驶员操作舒适不易疲劳。前部宽敞，在收获操作时视野好；多功能手柄和控制台，按键更少，更符合人体工程学，使驾驶员上手快，操作简便。凯斯 Axial Flow 6140 轴流滚筒联合收割机主要技术参数如表 2-4 所示。

图 2-10 凯斯 Axial Flow 6140 轴流滚筒联合收割机

表 2-4 凯斯 Axial Flow 6140 轴流滚筒联合收割机主要技术参数

项目	参数
发动机额定功率/千瓦	240

（续）

项目	参数
油箱容量/升	946
割幅/米	6.1（刚性割台）/7.6（柔性割台）
过桥宽度/米	1 156
反转控制	液压
脱粒系统	单轴流滚筒式
凹板调节方式	电控调节
切碎器	标配动定刀切碎器/选配甩刀切碎器
清选筛面积/米²	5.13
清选风扇类型	横流风机
不带割台质量/千克	16 125

（4）约翰迪尔 S660 谷物联合收割机　约翰迪尔 S660 谷物联合收割机（图 2-11）配备约翰迪尔发动机，涡轮增压，高压共轨，全电脑控制，具有较高的燃油效率。约翰迪尔专有滚筒擅长收获高产量、青秆潮湿作物，脱粒顺畅、柔和，具有多种作物适应性，收获效果好。配备 Harvest Smart（智能收获）喂入量控制系统结合，提高生产效率；Green Star（绿色之星）产量监控系统记录关键信息，可为下一季度的田间作业提供数据参考；自动换挡变速箱及控制系统换挡操作简单、舒适；用户可根据实际需求选装约翰迪尔卫星导航系统，可实现精准收获，达到更优质的作业效率和作业质量；S 系列联合收割机的清选能力强，上筛面积增加了 30%，下筛面积增加了 18%，两级预先清选，可以预处理 40% 的作物。约翰迪尔 S660 谷物联合收割机主要技术参数如表 2-5 所示。

图 2-11　约翰迪尔 S660 谷物联合收割机

表 2-5　约翰迪尔 S660 谷物联合收割机主要技术参数

项　目	参　数
外形尺寸（长×宽×高）/（毫米×毫米×毫米）	9 100×3 880×3 870（运输状态不含割台）
总体质量/千克	19 650（不带割台，满箱油）
地隙/米	0.4
收割效率/（米²/时）	5
割幅/毫米	6 700
割台类型	刚性割台
过桥反转	标准
脱粒系统	单纵轴流
功率/千瓦	239
清选机构形式	双层振动风筛式
粮仓容积/升	10 600
卸粮速度/（升/秒）	120
卸粮时高度/毫米	4 350

2. 履带式小麦联合收获机

履带式联合收获机比较适合旱地或水田湿性土壤作业，适用于小麦和水稻的收获。已成为异地收割、跨区作业的主要机型，但如果进行长距离转移，则需要汽车运输。此机型主要适用于水稻收获，可兼收小麦。是中小型联合收获机中复杂系数最高的产品，价格也最高。与其他机型相比，收获后的粮食清洁度较高，并能适应深泥脚、倒伏严重的收割条件，同时还能保证收割后的茎秆完整。

（1）星光至尊 4LL-2.0D 多功能全喂入联合收割机　星光至尊 4LL-2.0D 多功能全喂入联合收割机（图 2-12）采用 2 米宽割台，人机搭配效果经济。选择 400 毫米×48 节橡胶履带，使接地压力小于 20 千帕，其水田通过能力强，实用性能优越。双横轴流脱粒滚筒使作物流更顺畅，二次复脱装置提高脱净率，往复式振动筛清选装置提高筛分效率、降低含杂率和损失率。割台与倾斜式输送器联成一体，提高割台升降高度，方便水田作业和保养，机器运转平稳、声音柔和。坚固的机架与防水性能强的悬挂轮系使收割机底盘更耐用，液压伺服转向操作简单。整机高度低、重心低，专用宽轴距变速箱，操作安全。星光至尊 4LL-2.0D 多功能全喂入联合收割机技术参数如表 2-6 所示。

图 2-12　星光至尊 4LL-2.0D 多功能全喂入联合收割机

表 2-6　星光至尊 4LL-2.0D 多功能全喂入联合收割机技术参数

项目	规格参数
外形尺寸（长×宽×高）/（毫米×毫米×毫米）	4 680×2 800×2 650
喂入量/（千克/秒）	2.0
割幅/毫米	2 000
最小离地间隙/毫米	240
配套动力/千瓦	45
理论作业速度/（千米/时）	0～7.56
作业生产率/（公顷/时）	0.20～0.47
整机质量/千克	2 400
轨距/毫米	980
变速箱类型	3 挡齿轮变速箱＋液压无级变速器

（2）沃得锐龙 4LZ-4.0E 经典版联合收割机　沃得锐龙 4LZ-4.0E 经典版联合收割机（图 2-13）采用 72 千瓦发动机，动力强劲，采用高压共轨系统，油耗低，省油，噪声小。底盘采用沃得专利"骑马式"底盘技术，底盘最高离地间隙达 630 毫米，解决上下机架在烂泥田作业夹泥的问题，底盘最小离地间隙达 435 毫米，变速箱底部离地间隙达 320 毫米，烂田通过性强。底盘重心稳定，采用高齿履带（6 毫米），烂田适应性和通过性更好，履带宽 450 毫米，防陷能力强，受力结构优于悬挂式，受力变形小，使用寿命长。变速箱采用加强型专用变速箱，变速箱关键部位采用原装进口日本轴承。

加长、加粗割台弹齿，割刀离地 8 厘米即可拨到倒伏作物，减少割台吃土现象。新式分禾器强度提高，收割高秆、高产作物，防止分禾器与拨禾轮之间

图 2-13　沃得锐龙 4LZ-4.0E 经典版联合收割机

夹草。右边割台分禾器收割幅度加宽，解决了收割过程中压田埂的现象。输送槽短，喂入口优化设计，提升输送通过性，输送槽喷口优化，防止缠草现象，喂入口采用浮动轮，喂入顺畅。脱粒滚筒长度达到 2.0 米，比同类机型长10%，脱粒能力强。振动筛清选面积加大 15%，粮食干净。清选系统风机可调，确保粮食干净，损失少。沃得锐龙 4LZ-4.0E 经典版联合收割机主要技术参数如表 2-7 所示。

表 2-7　沃得锐龙 4LZ-4.0E 经典版联合收割机主要技术参数

项目	参数
外形尺寸（长×宽×高）/（毫米×毫米×毫米）	4 960×3 514×2 830
整机质量/千克	2 800
发动机功率/千瓦	72
割幅/毫米	2 000
喂入量/（千克/秒）	4.0
脱粒方式	纵轴流脱粒
清选形式	振动筛＋离心风扇
卸粮方式	360°高位旋转卸粮，侧拉式大粮仓
粮仓容积/升	1 500
作业效率/（公顷/时）	0.57～0.72

（3）洋马 YH1180（4LZ-4.5A）全喂入稻麦联合收割机　洋马 YH1180（4LZ-4.5A）全喂入稻麦联合收割机（图 2-14）配置了洋马 4TNV94HT 型增

压型柴油发动机，电控引擎，节能环保，动力稳定。履带全时驱动变速箱；方向盘操控流畅、转向平稳、负荷小；底盘升降与平衡系统，湿烂田块通过性与倒伏拾禾收割效果好；拨禾轮刚性传动设计，拾禾稳定、输送可靠；倒伏、高秆作物收割适应强；大仰角输送槽，结合喂入滚筒，即使在不连续作业状态下，也能保证稳定喂入作业；超长六面体耙齿主滚筒加枝梗处理筒、三风扇多风道设计使得脱粒高效，清选精良；整机单元化设计、维护简单便捷；选配粉碎机，可适应秸秆粉碎还田作业。洋马 YH1180（4LZ-4.5A）全喂入稻麦联合收割机主要技术参数如表 2-8 所示。

图 2-14　洋马 YH1180（4LZ-4.5A）全喂入稻麦联合收割机

表 2-8　洋马 YH1180（4LZ-4.5A）全喂入稻麦联合收割机主要技术参数

项目	参数
外形尺寸（长×宽×高）/（毫米×毫米×毫米）	5 640×2 600×2 800
整机质量/千克	4 030
发动机标定功率/千瓦	87.3
油箱容量/升	135
履带平均接地压/千帕	19.1
变速箱形式	机械式变速＋油压伺服 HST
变速级数	副变速 3 挡＋无级变速
割幅/毫米	2 060
粮箱容量/升	2 100
作业效率（理论值）/（公顷/时）	0.76

（4）久保田 4LZ-2.5（PRO688Q）全喂入履带收割机　久保田 4LZ-2.5（PRO688Q）全喂入履带收割机（图 2-15）配置久保田自制的大功率、低油耗

涡轮增压柴油发动机。宽幅履带能够在湿田里平稳工作。该收获机离地间隙为275毫米，不易积泥，烂田适应强。该收获机采用高效的脱粒系统，纵向轴流式脱粒滚筒采用620毫米超大直径，滚筒长度达1 790毫米，可进行高效、精确的收割和脱粒作业。

图 2-15 久保田 4LZ-2.5（PRO688Q）全喂入履带收割机

该收割机安装了舒适的座椅，驾驶舒适性好。用一个手柄实现旋转和割台的升降。久保田首创的行走系统（静液压传动），仅用一个手柄控制前进、后退，同时可调节正常收割及高产量、潮湿作物收割情况下的行驶速度。在割台喂入口堵塞时，可以进行反向旋转，将堵塞物排出。根据作物的状态调节导流板的角度，实现最佳脱粒效果。久保田 4LZ-2.5（PRO688Q）全喂入履带收获机主要技术参数如表 2-9 所示。

表 2-9 久保田 4LZ-2.5（PRO688Q）全喂入履带收割机主要技术参数

项目	参数
外形尺寸（长×宽×高）/（毫米×毫米×毫米）	4 860×2 980×2 815
结构质量/千克	2 780
发动机标定功率/千瓦	49.2
最小离地间隙/毫米	275
理论作业速度/（千米/时）	0～6.66
割幅/毫米	2 000
最小割茬高度/毫米	40（割刀刀尖）
变速箱类型	机械变速＋液压无级变速 HST
变速级数	副变速 3 挡＋无级变速

（续）

项目	参数
粮箱容量/升	420
适用作物	水稻、小麦
作业生产率/（公顷/时）	0.2～0.53

3. 丘陵山地小麦联合收获机

我国南方的土地多为丘陵山区，由于丘陵山区地块小，而且分散、地面坡度及落差大、山间道路窄小且崎岖不平，机具田间作业、转移及交通运输都比平原困难。所以，传统适应北方平原地区作业的大中型联合收获机并不适应于丘陵山区作业，适合丘陵山地的小麦联合收获机介绍如下。

（1）江苏明悦 4G100 型割晒机　江苏明悦 4G100 型割晒机（图 2-16）配置 170F/175F 水冷柴油机；外形尺寸 1 300 毫米×1 007 毫米×650 毫米；整机重量 210 千克。江苏明悦 4G100 型割晒机主要技术参数如表 2-10 所示。

图 2-16　江苏明悦 4G100 型割晒机

表 2-10　江苏明悦 4G100 型割晒机主要技术参数

项目	规格参数
配套发动机/千瓦	4.41
外形尺寸（长×宽×高）/（毫米×毫米×毫米）	1 300×1 007×650
整机质量/千克	210
割幅/毫米	1 000
铺放形式	侧向条放

（续）

项目	规格参数
作业生产率/（公顷/时）	0.17～0.23
最低割茬高度/毫米	≥50

（2）金兴穿山豹 4LZ-1.6Z 纵轴流联合收割机　江苏明悦金兴穿山豹 4LZ-1.6Z 纵轴流联合收割机（图 2-17）专为丘陵山区小田块设计，重量轻，操作灵活方便；最小离地间隙 280 毫米，通过性强。可选配 45 马力、50 马力及 60 马力发动机，履带宽 400 毫米；操作和维护保养方便，耗油量低，节能环保，被称为丘陵山区收割专家。金兴穿山豹 4LZ-1.6Z 纵轴流联合收割机主要技术参数如表 2-11 所示。

图 2-17　金兴穿山豹 4LZ-1.6Z 纵轴流联合收割机

表 2-11　金兴穿山豹 4LZ-1.6Z 纵轴流联合收割机主要技术参数

项目	参数
外形尺寸（长×宽×高）/（毫米×毫米×毫米）	4 200×2 035×2 080
整机质量/千克	1 850
喂入量/（千克/秒）	2.2
作业生产率/（公顷/时）	0.2～0.4
最小离地间隙/毫米	280
理论作业速度/（千米/时）	0～4.5
割幅/毫米	1 530
脱粒形式	钉齿式
滚筒尺寸（直径×长度）/（毫米×毫米）	550×1 505
凹板筛	栅格式

第四节　小麦小区收获机械

一、小麦小区联合收获机技术

小麦小区收获是育种或其他田间试验获得正确试验结果的重要环节。小区收获与大田收获不同，单个小区的面积小，而且整块地内又包含很多小区和品种，所以既要提高作业效率，又要防止品种混杂。小区收获机具随收获方式的不同而异，常用的有联合收获和分段收获两种方式。用于小区的联合收获机，除了一般所要求的收获损失小、脱粒净、破碎少、效率高外，还要保证以下三个方面：

①收获一个小区或一个品种结束后，应能对机体内各部分方便、迅速、干净、彻底地清扫，使机体内没有遗留的籽粒，以防止品种混杂。

②采用装袋的方式卸粮，便于各小区或各品种的种子分别收存。

③整机结构简单，操作灵活，以适应小区作业。

小区联合收获机多数为自走式，一般由收割台、脱粒装置、分离装置、清种装置、粮箱或装袋机构等组成。小区联合收获机工作原理为：小区联合收获机工作时，作物在拨禾轮拨板或拨齿的扶持下被切割器切断，拨板（齿）还把被割下的作物向后倒放在倾斜的输送皮带上，并随皮带后移，在倾斜输送皮带与其上面的喂入皮带相互扶持下，进入脱粒装置脱粒，脱粒下来的籽粒由凹板的栅格孔下落到位于其下面输送籽粒的皮带输送器上。脱粒后的秸秆被抛向后面，并在位于脱粒滚筒后面的逐稿轮的作用下，继续被抛至平台式逐稿器上。在逐稿器的抛逐作用下，夹带在秸秆中的部分籽粒从秸秆中抖落出来，穿过逐稿器的孔也落到逐稿器下面输送种子的皮带输送器上，连同从凹板的栅格孔落下的籽粒一起被送到清种器，而秸秆则被逐稿器排除机体外落到地面。

小麦籽粒经清种器的筛孔下落到其下面的流种槽内，由输送籽粒的风扇以高速气流将种子吹送到旋风式分离器，再次把籽粒中的轻杂质分离出去，干净的种子经旋风分离器下部出口落入接种袋内。

二、小麦小区联合收获机利用机型

国外对小区种子收获机械的研究和生产比较早，目前德国黑格公司（HEGE）和奥地利温特斯泰格公司（WINTERSTEIGER）、丹麦霍尔公司（HALDRUP）等设计生产的小区种子收获机械都已达到了国际先进水平。

奥地利温特斯泰格公司1963年制造出世界上第一台育种小区联合收获机。目前公式生产的小区联合收割机有 Split、Delta 和 Classic。Split 可以在一个工作流程中同时对两个小区进行收割操作的小区联合收获机；Delta 用于分类试验、产量试验以及育种（特别是用于玉米脱粒）的小区联合收割机。

Classic 小区联合收割机主要由驾驶台、行走传动装置、割台、分禾器、扶穗器、喂入滚筒、拨禾轮、脱粒装置及清选装置、装袋系统等部件构成。如图 2-18 所示，满足杂交 F_3（是杂交或自交的子三代）后代和预繁种小区无混种收割的要求。

图 2-18　Classic 小区联合收割机
1. 横向传送机　2. 喂入辊　3. 进料传送带　4. 脱粒滚筒
5. 凹板　6. 输送带　7. 逐稿器

收获机通过装有轮毂马达的静液压行走传动装置，对前轮驱动。柴油发动机采用 38 千瓦的水冷式帕金斯柴油发电机组，转速大于 3 000 转/分；前后轮距 2 250～2 350 毫米。前进和后退 0～16 千米/时无级变速。采用搅龙喂入和输送带组合的匀流割台，采用无破损和连续输送脱粒物的传送辊，割幅 1.5～1.8 米，拨禾轮转速液压无级调节，拨禾轮手动水平快速调节，液压调节割台和拨禾轮高度。在拨禾轮上配有 2 个 1.5 米刷条和 5～6 个用于收获小区倒伏作物的扶穗器。切割器采用液压驱动；脱粒滚筒装有无级变速器，并装有手动反转装置，在 330～2 100 转/分转速范围无级调节，滚筒转速和清选风机的转速数字显示。逐镐器面积 1.6 米^2；清选筛面积 0.65 米^2；气流输送系统，风速可调节。装料装置上装有高度可调的装袋托板和用于快速换袋的双袋固定器。

WINTERSTEIGER 公司的 Alpha 小区用联合收割机如图 2-19 所示，是专门用于大面积小区、试验田和育种实验的联合收割机。它具有大田用联合收割机的性能优势，并且可以满足高纯度的收割要求。Alpha 也可配置玉米割台或大豆割台。这一机型可收获倒伏作物或地面散落作物，喂入量大，脱分能力强，可在杂草混入、水分含量高的特殊条件下工作。

图 2-19　Alpha 小区用联合收割机

小区联合收割机的割台、脱粒凹板和清选筛可根据收割不同的作物进行更换，割台上的排风口可将种子全部吹入防静电的橡胶输送带可保证收割不混杂，种子通过气流输送实现装袋不混种，并可通过清洁风机将收割机中的轻质物体吹出；在实际操作中可通过调整脱粒凹板与脱粒滚筒间的角度、脱粒滚筒转速和清洁风机转速来确保种子脱粒和清洁彻底。

WINTERSTEIGER 小区收获机上在便携式数据采集系统装有 Easy Harvest 软件，在倾斜度小于 10% 的坡度上可以实现最高精度的小区重量测量。系统采集产量、含水量、容重等数据。每一次数据采集后计算平均值，并将数据保存，也可选择标签打印机直接在田间打印出标签。在劳动力资源短缺的情况下，使用先进的小麦小区收获机械，大大减少了对劳动力数量，提高了试验准确性，提高了试验效率。

四川刚毅科技集团有限公司生产的 4LZX-1.5 小区联合收割机（图 2-20）与大田小麦联合收割机在脱粒、清选、清理、输送等关键构件上有重大区别。采用强气流输送、清理及无死角设计实现机内无残存籽粒，脱粒、清选、拨禾及行走无级调速以适应不同工作状态，多级橡胶带输送实现正常、平稳工作。采用全液压履带行走实现零转向，可连续收割不同小麦品种而不致混杂。这一机型采用 33 千瓦柴油发动机动力，双泵双马达全液压无级变速履带驱动行走。全喂入收获，割幅 1.5 米。液控系统可实现原地转向，适合小块田块工作。拨禾轮转速实现无级调速控制，可满足多种作物收获的拨禾转速需要。割台和拨禾轮的升降实现节流缓冲控制，避免对机器的冲击损坏。

小麦小区收获机清粮系统是小区收获机械的核心部分，由于市场对小区收

图 2-20　4LZX-1.5 小区联合收割机

获机械需求较小，小麦小区收获机械生产应用受到限制。近年来我国对小麦等作物育种事业的重视与推广，小区收获机械在育种生产中发挥越来越重要的作用，作为小区收获作业的重要机械，研发出快速、彻底、干净又不伤种的小区收获机械清粮系统，对小区收获机的推广应用，对减小劳动强度、提高田间试验的科学性与精准性发挥积极有效的作用。

四川刚毅科技集团有限公司根据国内小区收获机械市场需求，研发了 4L-1.0Ⅱ简易型的微型小区联合收割机（图 2-21）和 4LZX-1.5 履带式小区联合收割机。4L-1.0Ⅱ简易型的微型小区联合收割机是在微型联合收割机的基础上，采用开设清理窗口和气泵人工清理吹出机内籽粒残存籽粒方式，实现小麦小区收获的。它采用 13 千瓦风冷柴油机动力，电启动。割台宽度 1.2 米，全喂入收获，作业速度 2～3.5 千米/时，履带行走机构设计。

图 2-21　4L-1.0Ⅱ简易型的微型小区联合收割机

在这一小区联合收获机上不同结构部位设计了四个清理口，分别是割台清理口，脱粒清理口，脱后清理口和风选清理口，靠配备的直流风机人工清理各个部位残留籽粒，如图 2-22 所示。

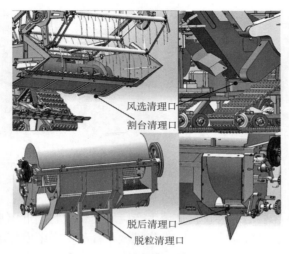

图 2-22　不同部位的残籽清理口

　　卫辉市金大地良种科研机械设备厂 4LXNK-1.0A 型小区联合收割机，如图 2-23 所示。采用无死角、圆滑，可开启、可观察的设计，结构简单易清机；还有抗混杂性能高、损失低、能耗低等优点。该机主要由发动机、底盘、割台总成、脱粒总成、输送总成、提升装置、清选总成和电路零部件组成。

图 2-23　4LXNK-1.0A 型小区联合收割机

　　收获作业时，扶禾器将作物梳整扶直推向割台，由切割装置进行切割。作物切断后，割台搅龙随即将作物输通过中间输送装置，直接送脱粒室脱粒。脱下的籽粒经搅龙和提升机构进入扬谷器，由扬谷器将籽粒抛射进分离筒，在分离筒中由气流清选并分离。轻杂物由分离筒上部经风机抽出。清洁的籽粒向下进入接种斗。4LXNK-1.0A 型小区联合收割机主要性能参数见表 2-12。

表 2-12　4LXNK-1.0A 型小区联合收割机主要性能参数

项目	规格	项目	规格
结构形式	全喂入履带自走式	发动机型号	H20（M）/CF1115/JD20
发动机额定功率/千瓦	15.4	纯工作时生产率/（公顷/时）	0.06～0.15
发动机结构形式	卧式、单缸、水冷	外形尺寸（长×宽×高）/（毫米×毫米×毫米）	3 350×1 560×2 420
整机质量/千克	1 200	割幅/毫米	1 200
喂入量/（千克/秒）	≥1.0	最小离地间隙/毫米	200
理论作业速度	2.8～4.0	脱粒滚筒转速/（转/分）	890
脱粒滚筒尺寸（直径×长度）（毫米×毫米）	400×830	扬谷器转速/（转/分）	1 500
风机转速/（转/分）	1 800	总损失率	≤3%
变速箱类型	机械变速 2×（3+1）	含杂率	≤1.5%
接种方式	自带接种斗	破碎率	≤1.5%

　　我国小麦小区育种机械实际需求很大，但是因小区收获机械受研发成本、市场规模制约，生产企业和产品数量较少。国外小区收获机械技术成熟，但价格较高，在推广应用上也存在一定的困难。因此，很多企业生产的小区收获机械的装备属中低端产品。随着农机工业技术的不断发展，我国生产的高水平小区收获机械将在实际中应用。

第三章　小麦联合收获机使用与维修

第一节　小麦联合收获机使用

一、小麦联合收获机使用和调整

小麦联合收获机由发动机、操纵部分、割台、输送装置、脱粒部分、底盘部分、液压及电气等部分组成。一般选柴油发动机作为联合收获机械动力，发动机位于底盘之上，用以驱动行走系统、液压系统和主机工作部件工作。操纵部分主要由驾驶台操纵系统、油门操纵系统、行走离合器系统装配、脱粒离合器等组成。

1. 割台拨禾轮的调整

割台位于机器的前端，用以拨取、扶植、切割和输送作物。它主要由拨禾轮、切割器、左右分禾器、割台螺旋喂入搅龙、传动机构、割台体和割台油缸等组成。拨禾轮的作用有三个：一是将割台前方的作物引向切割器；二是切割器切割小麦时扶持茎秆支持切割；三是茎秆被切断后，将茎秆及时推向割台螺旋喂入搅龙，并及时清理切割器上的作物，以利于继续切割。联合收获机上，通常采用偏心弹齿式拨禾轮。此种形式的拨禾轮在收获直立或倒伏作物时均有良好的效果。割台工作质量与拨禾轮的调整情况有着密切的关系。

（1）拨禾轮高低的调整　拨禾轮的高低位置由驾驶室内拨禾轮液压升降手

图 3-1　拨禾轮高低位置调整

柄操纵实现，如图 3-1 所示。调整参考：在收获直立作物时，拨禾轮的弹齿或压板以作用在被割作物高度的 2/3 处为宜，这样，已割作物才不至于被拨禾轮扬起，抛在割台外或缠绕在拨禾轮上。当收割高秆作物时，拨禾轮的位置应高些；收割低矮作物时，拨禾轮的位置应低些，但不能使拨禾轮碰到割刀或割台螺旋喂入搅龙。收割倒伏作物时，拨禾轮位置应放至最低。特别注意：拨禾轮放至最低和最后位置时，弹齿距割台螺旋喂入搅龙及护刃器的最小距离均不得小于 20 毫米。

（2）**拨禾轮前后的调整**　拨禾轮与割台、搅龙是相互配合工作的。拨禾轮往前调，拨禾作用增强，铺放作用减弱；往后调作用相反。一般要求拨禾轮在不与割台螺旋喂入搅龙相碰的条件下，使拨禾轮轴位于割刀前方适当位置。拨禾轮向后调整时，要求拨禾轮弹齿与割台螺旋喂入搅龙间距不小于 20 毫米。

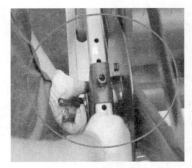

调整方法：靠移动拨禾轮轴承座在升降支臂上的位置调节，如图 3-2 所示。调节时先取下传动 V 带，再取下支臂上的固定插销，然后移动拨禾轮，移动时必须左右同时进行，并注意保持两边相对固定孔位位置一致，然后插入插销，调节后应重新调整弹簧对挂接链条的拉力，使传动 V 带张紧适度。

（3）**拨禾轮弹齿倾角的调整**　调整方法：调节拨禾轮紧固螺栓，转动调整板（图 3-3），使调整板相对拨禾轮轴偏转的同时带动拨禾

图 3-2　拨禾轮升降支臂位置调节

轮轴和弹齿偏转，偏转到所需角度后将调整板和升降架上轴承座固定板螺孔对准后将螺栓固定。

当收获直立或轻微倒伏作物时，拨禾轮弹齿（图 3-4）一般垂直向下或向前倾斜 15°左右，以减少弹齿对作物穗头的打击，降低割台损失；当收割倒伏作物时拨禾轮弹齿应向后倾斜 15°～30°以增强扶起作物的能力。

图 3-3　拨禾轮调整板

图 3-4　拨禾轮弹齿

（4）拨禾轮转速的调整 拨禾轮转速一般用无级变速轮来调节。转速过高，压板会打掉籽粒，使割台损失增加；速度过低，压板不能有效地将作物拨向切割器。收割一般作物，拨禾轮的圆周速度与机器的前进速度相当；收割植株高、密度大的作物，拨禾轮圆周速度应小于机器的前进速度，以减少拨禾轮的打击；收割低矮、稀疏的作物，拨禾轮的圆周速度应稍快于机器的前进速度，减少已割作物在割台上的堆积。

调整方法：调整拨禾轮转速时，必须在拨禾轮运转中转动变速轮调速手柄才能调速，当顺时针转动时拨禾轮转速加快，逆时针转动时拨禾轮转速减慢，如图 3-5 所示。

图 3-5　拨禾轮转速调整

2. 切割器的检查和调整

切割器是联合收获机易损部件，应该经常检查调整，调整时分别取下球头连接螺栓、连杆、推动摇臂，逐一进行检查。所有护刃器的工作面应在一平面内。如某组护刃器超出要求，可采用给护刃器和护刃器梁之间加垫的办法加以校正。超过其范围可通过加减压刃器的调节垫片进行调节。

（1）割刀重合度调整 当动刀片处于两端极限位置时，刀片中心线应与护刃器中心线重合，其偏差不大于 5 毫米，其调整方法是使摆环箱的摆臂处于相应的极限位置，通过调整刀头和弹片之间的位置来保证重合度，如图 3-6 所示。

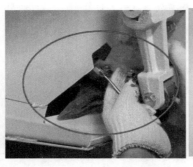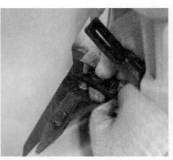

图 3-6　割刀重合度调整

调整割刀间隙，动刀片和压刃器工作面的间隙范围为 0.1～0.5 毫米。调整方法是加减调节垫片，或用榔头轻轻敲打压刃器。调整后动刀应左右滑动灵活。

3. 割台螺旋输送器检查调整

拧开螺丝，打开观察孔，观察割台螺旋喂入搅龙叶片和割台底板的间隙，一般间隙应达到 15～20 毫米，出厂时已设计好，一般不用调整。倘若收获稀矮作物，可调整为 10～15 毫米；收获高大稠密作物时调整为 20～30 毫米，如图 3-7 所示。

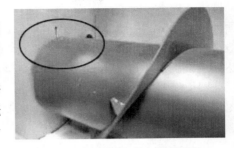

图 3-7　割台螺旋喂入搅龙调整

伸缩齿弹指与割台底板的间隙，可通过扳动扇形调节板来调节。收获一般作物调整为 10～15 毫米；收获低矮作物时不低于 6 毫米。

4. 输送装置 （输送槽） 的调整

输送装置也叫过桥。下部搭在割台喂入口处，上部与脱粒室相连。作用是将割台送来的作物通过输送链均匀、强制地输送到脱粒室中。主要应注意链耙的松紧度必须适当。调整时，打开输送装置上的盖板，用手在链耙中部向上提起，提起高度应该为 20～35 毫米，保证下边链耙耙齿和过桥底板的间隙为10 毫米左右，如图 3-8 所示。过紧，可

图 3-8　链耙调整

同时左旋链条，调松螺母；过松，可同时右旋链条，调紧螺母。需要注意的是应该经常检查输送槽的上轴及下轴是否有缠草现象，如有应立即熄火清理。

5. 脱粒部分的调整

脱粒部分位于机器的整个后半部，是收获机的核心部件。其作用是将进入脱粒室的作物进行脱粒、分离、清选、输送、排草及卸粮等。脱粒部分由脱粒滚筒、清风机、清选室、凹板、籽粒和杂余输送装置、脱粒离合器等组成。

（1） 脱粒滚筒转速的调整　小麦联合收获机脱粒滚筒转速一般为 1 100～1 200转/分。脱离滚筒转速的调整是通过更换中间传动轴的链轮来实现的，如图 3-9 所示。

（2） 凹板间隙的调整　轴流滚筒活

图 3-9　脱离滚筒转速的调整

动栅格凹板出口间隙是指该滚筒纹杆段齿面与活动栅格凹板出口处的径向间隙。一般小麦脱粒凹板间隙为 10～12 毫米，以达到最佳的脱粒效果。调整过程要细心，保证凹板间隙左右两边调整幅度一致，如图 3-10 所示。调整完毕务必拧紧各部位螺栓、螺母，以防机件损坏而发生事故。

图 3-10　凹板间隙调整

　　（3）清选风机的调整　作业时，如发现籽粒清洁度不好，可松开调风板螺母，将调风板向下调整使风量调大；如发现筛面有跑粮现象，可将调风板向上调使风量调小。但要求机器左右两侧同时调整，如图 3-11 所示。

　　（4）清选筛的调整　作业时如发现筛面在不堵塞时有跑粮现象，除了将调风板向上调使风量调小以外，也可以把上筛片、下筛片、尾筛片向上调整，反之收获时发现杂草较多、堵塞筛面则应向下调整。

　　上筛片调整方法：调节手柄操作时应首先向下压，然后根据需要左右调整筛片开度。筛子的开度调节原则：前小

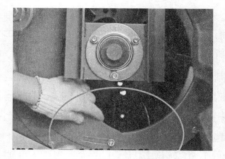

图 3-11　清选风机的调整

后大，开度变小的原则是一定要大于作物籽粒的长度，开度变大的原则是最大的开度是上筛片后部可以开到最大开度的一半，如图 3-12 所示。

　　下筛片调整方法：下筛由小鱼鳞筛片组成，构成籽粒筛，分别由两个调节手柄控制开度，筛片开度在 0°～45°可调，如图 3-13 所示。

图 3-12　上筛片调整

图 3-13　下筛片调整

尾筛片调整方法：在作物潮湿时将尾筛片关小或关死；在作物干燥时尾筛片开度需开大或全部开大，如图 3-14 所示。

6. 联合收获机底盘部分的调整

底盘部分主要由行走机构、变速箱、离合器等组成。其中行走机构由行走轮系、机架、橡胶履带等组成。

(1) 履带松紧度调整 使用时应经常检查橡胶履带的松紧度。履带过松容易掉带，过紧则影响履带的使用寿命。

图 3-14 尾筛片调整

其松紧度以用手抬起履带的上边，挠度为 30～50 厘米为宜。履带的调整以调整履带张紧轮适宜为宜。需要注意的是，为了延长橡胶履带的使用寿命，履带机严禁在有碎石、金属等坚硬突起物的路面行驶，且严禁在水泥和沥青路面上急转弯。

(2) 变速箱的检查与调整 变速箱在磨合完后放出液压油，加入新油，直到油孔有油溢出。然后每个季度换油一次，换油时用同一品牌、型号的油品。需要检查调整传动箱链条张紧度；检查、清洗、调整转向制动机构。

(3) 行走离合器 行走离合器是联合收获机的重要行驶操纵装置。调整离合器时应先将离合器踏板放在自由位置上，也就是踏板处于最高位置上，松开分离杠杆上面的锁紧螺母，用扳手对下面的锁紧螺母进行调整，保证分离杠杆和分离轴承之间的间隙为 1.5～3.0 毫米，然后将螺母锁紧；调整离合器拉杆时，将踏板放在自由位置，此时调整拉杆的长度以分离爪和分离爪座在斜面的最低位置处相接触为宜，然后拧紧螺母。

7. 液压系统的调整

液压系统由液压油箱、齿轮泵、阀块、割台升降油缸、拨禾轮升降油缸等组成。

①新购买的收获机工作 30～40 小时后，应更换液压油，以后每年更换一次。放油时，最好将连接各油缸的油管拆开，将油箱底部清洗干净，并将放油螺塞拧出，趁热放尽油。

②经常观察液压系统的工作油温状况。液压系统的油温范围一般为 30～80℃，理想范围是 60～80℃，最高不超过 90℃。

③检查油面要慎重。检查油面时，应使所有的油缸、柱塞、活塞全部缩回，油面不足下刻线时，应及时予以补充。

④注重液压油更换。液压油必须保持清洁，且不同季节按规定更换不同型号的液压油。

⑤掌握液压系统的正确安装方式。在安装卡套式管路接头时，应先将被连接管与接头体的内端面对准，然后一边拧螺母，一边转动连接管。当连接管不能转动时，继续拧紧螺母 1～1.3 圈为宜。

二、小麦联合收获机的维护保养

收获机在作业期间，由于运转产生摩擦、振动及负荷的变化，不可避免地会出现连接螺栓松动、零件磨损、配合间隙增大、技术状态变坏、发动机功率下降、故障逐渐增多、工作效率降低、油耗增大、作业成本提高等情况。为了使收获机能保持良好的技术状态，延长使用寿命，就必须对收获机进行定期维护保养。一般分为日常保养和换季保养。履带机和轮式机都可按照以下保养方法进行。

1. 日常保养

①清除机器上的灰尘、油污、杂物，用扫把或棕刷将柴油机气缸盖、气缸体清扫干净。

②彻底检查联合收获机各部位是否有缠草以及颖糠、麦芒、碎茎秆等堵塞物，若有应及时清理。

③检查各部位螺栓、螺母的紧固情况，如有松动，应及时紧固。

④发动机油封漏油、发动机水箱漏水、发动机进气管道漏气，即"三漏"。检查是否发生"三漏"，如有，应查明原因后及时排除。

⑤清理发动机空气滤清器联合收获机采用的是干式滤清器。清洗干式滤清器时，松开螺丝，抽出滤芯，用手轻轻拍打滤芯的表面，去除表面的浮尘。再用毛刷清除滤芯缝隙内的尘土。最后安装好空气滤清器。注意，密封垫一定要上紧，同时把螺丝拧紧。

⑥打开水箱罩，查一下水箱是否堵塞。如堵塞，应及时清洗水箱，用清水冲洗干净即可。

⑦检查柴油机的燃油、机油、液压油、冷却水是否充足，不足时应及时添加。加燃油一定要慢，跑出来的油要擦掉，否则容易起火。

⑧拨禾轮各转轴、链条、割刀等部分，每班滴油 1～2 次，各黄油嘴要加注润滑脂。其中，链条要清理后再注油。

⑨检查变速箱、柴油机曲轴箱润滑油油面的高度，根据需要添足。

2. 换季保养

收获季节结束后，联合收获机要有很长的封存、停用时间，因此做好换季例行技术保养也很重要。换季保养内容除包括日常保养全部的内容外，还应增加下列内容。

①放出变速箱用的旧机油，更换新机油；将发动机及水箱的冷却水放掉。

②清洗柴油滤清器。当发动机每工作 200 小时，必须清洗柴油滤清器，更换柴油滤芯，用干净的柴油清洗，擦拭干净，换上新滤芯。在清洗更换柴油滤清器后，要对柴油系统进行排气，这是因为，如果柴油滤清器里有空气了，会出现供油不足现象，机器在行走时会一颠一颠的，所以要排气。排气时，打开柴油滤清器上的排气螺栓，压下手动泵杆，上下压动把空气排空，然后再压下去，立即拧紧螺栓，直到螺栓孔排出不含气泡的柴油时即可。

③履带机应使履带还原。操作时必须用千斤顶将后大梁、前大梁顶起来，然后将底盘机架用方木块垫起，使履带不承受压力，同时使履带离地，拧开螺母后，使履带还原。接着，还要把链条全部卸下来，浸泡在柴油里，以免生锈，等来年用时再拿出来。三角皮带也取下来挂好，以免受压变形，待来年再用。

④要维护电气设备的正常工作，首先要维护保养好发电机。除了要检查三角皮带的正确张紧力，维护启动马达也是重要的内容。要定期卸下启动马达，彻底清理小齿轮和飞轮齿圈。将小齿轮用毛刷刷一遍，并在上边涂抹润滑油，然后再抹上润滑脂；飞轮齿圈也是一样。最后将启动马达装好。发动机水泵有黄油嘴的地方也要加注润滑脂。另外，将发动机皮带卸下来，清理后罩和碳刷，然后再将皮带安装好。

⑤做好防腐蚀工作。各种运动件连接处都要滴上机油；机器不许与腐蚀性的物质放在一起，应摆在通风干燥处。

⑥蓄电池应保持清洁、干净，所有的电瓶必须接线牢固，要定期检查蓄电池电解液液面的高度，电解液液面高度要超过铅板上沿 10 毫米，如果高度不够，必须加注蒸馏水补偿。

第二节　小麦联合收获机故障与快速维修

小麦联合收获机是一种集收割、脱粒、分离、清选、集粮等功能于一体的复式作业机械。随着小麦联合收获机的使用，不仅提升了麦收的效率，降低劳动力的成本，还有效加快了农业生产发展。小麦联合收获机构造复杂，在使用当中机械经常会出现故障，使成本不断增加，降低效率。小麦联合收获机常见的 21 个工作故障及对其进行诊断分析与故障排除的方法如下。

一、发动机部分

1. 故障现象 1：发动机冒蓝烟
（1）故障分析
①发动机油底壳机油面升高。
②发动机气缸密封性较差。

③发动机油环断裂。

④发动机喷油雾化不良。

（2）快速维修方法

①更换新机油，消除导致油底壳油面升高的故障。

②维修发动机气缸密封垫片。

③更换发动机油环。

④检修、校验发动机喷油系统。

2. 故障现象 2：发动机冒黑烟

（1）故障分析

①空滤器堵塞。

②空滤器至发动机的胶管损坏。

③喷油雾化不良。

④点火时间不对。

⑤负荷过大。

（2）快速维修方法

①清理空滤器滤芯。

②检查空滤器至发动机的胶管的情况。

③检修、校验发动机喷油系统（不要长时间怠速运转发动机）。

④重新调整发动机点火时间。

⑤减小发动机负荷。

3. 故障现象 3：发动机漏水

（1）故障分析

①水箱焊接质量较差。

②负荷过大致使发动机高温，导致水箱开锅。

③全车震动过大。

④水箱盖弹簧弹力过小，导致循环冷却液冲开水箱盖跑出。

（2）快速维修方法

①更换合格的水箱。

②减小负荷。

③更换合适的水箱盖。

4. 故障现象 4：发动机无力

（1）故障分析

①发动机低压油路内有空气。

②发动机熄火拉线没有彻底回位。

③发动机柴油质量较差。

④发动机负荷过大。

（2）快速维修方法

①排除发动机低压管路中的空气。

②将发动机熄火拉线彻底回位。

③更换质量好的柴油。

④减小工作负荷。

二、底盘部分

1. 故障现象 1： 离合器压盘损坏、 离合器片烧损

（1）故障分析

①离合器负荷过大。

②离合器压盘固定螺栓紧固不到位。

（2）快速维修方法

①减小离合器工作负荷。

②更换或重新紧固离合器压盘（要求分两次或三次对角拧紧压盘固定螺栓）。

2. 故障现象 2： 刹车失灵

（1）故障分析

①制动液不足。

②摩擦片磨损，致使制动间隙过大。

③制动总泵壳体与活塞间隙过大或制动总泵皮碗被踩翻。

④左右制动间隙不一致，造成刹偏。

（2）快速维修方法

①添加合适的制动液。

②调整制动间隙或更换摩擦片。

③维修或更换制动总泵。

④左右间隙要保持一致。

3. 故障现象 3： 制动盘发热

（1）故障分析

①两前轮同时发热或两后轮同时发热，这是因为制动总泵推杆无间隙，反映在制动踏板上就是无自由行程。

②有的轮发热，有的轮不发热，发热轮就是制动分泵不回位的轮。

（2）快速维修方法

①将制动总泵推杆缩短，然后拧紧固定螺母（调整到合适的自由行程）。

②维修或更换不回位的制动分泵。

4. 故障现象 4： 变速箱异响、 漏油

（1） 故障分析

①变速箱传动油量不足。

②变速箱齿轮或轴承磨损。

③油封破裂或磨损。

④连接处密封性差。

（2） 快速维修方法

①添加同一牌号的传动油至合适位置。

②更换或维修损坏的齿轮或轴承。

③更换破损的油封。

④连接处需要重新涂密封胶后再装复。

5. 故障现象 5： 行走皮带偏磨

（1） 故障分析

①无级变速轮装配不正。

②无级变速轮加工的光洁度差。

③离合器皮带轮加工的光洁度差。

④动力输出皮带轮加工的光洁度差。

（2） 快速维修方法

①调整无级变速轮里侧的支撑调节螺杆（如果行走皮带左侧磨损，调节螺杆需要伸长调整，直至合适为止；如果行走皮带右侧磨损，调节螺杆需要缩短调整，直至合适为止）。

②更换合格的无级变速轮。

③更换合格的离合器皮带轮。

④更换合格的动力输出总成。

三、电器部分

1. 故障现象 1： 起动机不工作 （无法打火启动）

（1） 故障分析

①起动机易熔线烧损。

②起动保险丝熔断。

③起动继电器烧损。

（2） 快速维修方法

①更换易熔线。

②更换保险丝。

③更换起动继电器。

2. 故障现象2： 组合报警器不工作

(1) 故障分析

①线路连接不良。

②探头与感应器距离太远。

③磁钢丢失。

(2) 快速维修方法

①注意线路连接情况，特别是各相关插头的插接情况。

②将探头与感应器之间的距离控制在2～3毫米。

③重新加装丢失的磁钢。

四、脱分与输粮部分

1. 故障现象1：滚筒堵塞（图3-15）

(1) 故障分析

①小麦秸秆喂入量太多。

②脱粒装置上的滚筒转速低。

③滚筒凹板间的间隙太小。

④小麦秸秆潮湿。

(2) 快速维修方法

①适当降低小麦联合收获机的前进速度，以减少滚筒、凹板间的秸秆输入量。

图3-15　滚筒堵塞

②适当提高田间麦茬高度，缩短割下农作物长度，以减轻长秸秆小麦对滚筒凹板间的压力。

③小麦联合收获机的行驶速度要均匀，不要时快时慢。

④检查滚筒上的传动皮带松紧度，若过松，则要及时更换新的传动皮带。

⑤改变传动比，提高滚筒转速。先松开主动皮带轮上的手轮卡板，转动手轮，让动盘沿轴向里运动，以达到缩短动盘与定盘间的距离的目的。由于动盘与定盘间距缩小，增大了主动皮带轮的有效直径。在传动皮带的作用下，主动皮带轮有效直径增加值，恰好等于滚筒上被动皮带轮有效直径减小值。由于传动比的改变，相应地提高了滚筒转速。

⑥按4：1的比例，适当调大滚筒凹板上的入口和出口间隙。间隙调大后，将影响脱净效果。因此，驾驶员要注意观察排出物中的麦粒含有量，严禁排出物中的麦粒超标。

⑦不割不成熟小麦、秸秆潮湿的小麦，确需收获，操作人员要放慢小麦联合收获机的行驶速度，同时提高滚筒的转速。

⑧合理安排作业、保养、休息时间，最好不在麦秆返潮时（晚上、早晨）收获小麦。

⑨操作人员要巧妙运用设在脱粒装置上的防堵设施。不要在滚筒堵死后，才想起防堵装置的功能。正确操作方法是在滚筒即将堵死的瞬间，扳起驾驶室内的放堵操作手柄，放堵后，再把手柄迅速放回原处。只有这样，小麦联合收获机在作业中，才能避免发生滚筒堵塞的故障。

2. 故障现象 2：筛箱驱动轴断裂

（1）故障分析

①抖动板的瓦楞格被杂质填平、堵塞，失去助运能力。

②清选负荷过大。

③作物太潮湿或杂草多。

（2）快速维修方法

①清理抖动板的瓦楞格，恢复助运能力。

②减轻清选负荷。

③选择合适的收获时间。

3. 故障现象 3：筛面跑粮（图 3-16）

（1）故障分析

①风量过大或过小。

②筛子开度过大或过小。

③大挡帘或小挡帘破裂或损坏。

④转速不对（发动机转速或传动带打滑）。

⑤筛箱的水平振幅和垂直振幅不对。

⑥清选零部件有故障。

图 3-16　筛面跑粮

（2）快速维修方法

①风量调整至合适。

②筛子开度要合适。

③检查、更换破损的大、小挡帘。

④要求发动机达到额定转速 2 200 转/分，传动带张紧度合适。

⑤检查、调整筛箱水平振幅，必须大于 38 毫米。

⑥更换已经损坏的清选零部件。

4. 故障现象 4：筛箱摇杆脱落

（1）故障分析

①筛箱负荷过大。

②右侧导向轮与筛箱干涉。

③筛箱摇杆无固定。

（2）快速维修方法

①减少筛箱负荷。

②将右侧导向轮限位螺栓调长 1～2 丝，并紧固好螺栓备母。

5．故障现象5：橡胶液压油管漏油

（1）故障分析

①压接不牢固。

②胶管材质差，导致不耐压力而破裂。

（2）快速维修方法

①紧固橡胶液压油管路。

②更换合格的胶管。

6．故障现象6：轴流滚筒轴断裂

（1）故障分析

①滚筒负荷过大。

②喂入不均匀。

③轴流滚筒平衡性差。

（2）快速维修方法

①减小滚筒负荷。

②调整喂入搅龙与割台底壳的间隙、伸缩齿与割台底壳的间隙、过桥链耙的张紧度、传动带的张紧度等。

③将轴流滚筒进行平衡校正。

7．故障现象7：杂余搅龙损坏

（1）故障分析

①杂余搅龙负荷过大。

②作物太潮湿。

③复脱器抛扔筒堵塞。

④安全离合器磨损。

（2）快速维修方法

①减小杂余搅龙的工作负荷（将尾筛关小）。

②寻找合适的收获时机进行收获。

③清理复脱器堵塞时一定要清理抛扔筒的堵塞。

④更换合格的安全离合器齿垫和棘轮套。

8．故障现象8：收获籽粒清洁度差（图3-17）

（1）故障分析

①上筛前部开度过大。

②风量过小。

（2）快速维修方法

①将上筛前部开度开到略大于作物籽粒长度。

②将风量适当开大（但是不能将作物籽粒吹出去）。

图 3-17　收获籽粒清洁度差

9. 故障现象 9：籽粒搅龙轴断裂

（1）故障分析

①粮食升运负荷过大。

②作物太潮湿。

③升运器堵塞。

④升运器刮板链条太松。

（2）快速维修方法

①减小升运负荷。

②选择合适的收获时间。

③清理升运器的堵塞。

④升运器刮板链条调整至合适的张紧度。

10. 故障现象 10：摆环箱漏油、损坏

（1）故障分析

①摆环箱密封圈损坏。

②磨合完毕没有更换传动油。

（2）快速维修方法

①更换摆环箱密封圈。

②联合收获机磨合完毕后一定要更换摆环箱的传动油（将新齿轮磨合下的铁屑放出）。

第三节　小麦收获安全作业

为确保安全生产，联合收获机驾乘人员必须遵守机器的安全操作规程。联合收获机是一部大型的、结构复杂的现代化的生产工具。作业环境、作业条件千变万化。作业时，驾驶员只能看到收获台的工作情况，其他部位的工作状态，只能靠辅助人员的协助和机器运转的声音、气味判断。所以熟知和自觉遵守安全操作规程尤为重要。机手在对机器的使用中须遵守以下规则：

①接受安全教育，学习安全防护知识。作业时必须穿紧身衣裤，戴工

作帽。

②非联合收获机驾驶人员不得驾驶联合收获机。

③联合收获机必须配备性能良好的灭火器，发动机排气管应加安全防火罩（火星收集器）。

④道路行驶，要遵守交通规则，不准酒后驾驶收获机。

⑤任何人不准在行进中上下收获机，非机组人员不准上收获机，收获机不准运载货物。

⑥驾驶员在启动发动机前，必须认真检查变速杆、主离合器操纵杆、卸粮离合器操纵杆是否在空挡或分离位置。

⑦驾驶员在启动发动机前，必须发出信号，确认机器周围无人靠近时，才能启动机器。

⑧联合收获机作业时，绝对禁止用手触摸机器的工作部件（尤其是转动部件）。各种调整保养只能在机器停止运转时才能进行。

⑨联合收获机作业时出现故障（或堵塞），必须停车熄火处理，变速杆放空挡位置和分离脱谷离合器。故障排除后，所有驾乘人员归位后，才能重新启动机器作业。

⑩割台出现故障，在发动机熄火的情况下，还需要用方木块将割台垫起一定的高度，在确保安全的情况下，才能进行故障排除工作。

⑪卸粮时禁止用铁制工具协助卸粮，更不允许人进入粮仓用手、脚协助卸粮，确需辅助卸粮时，可配备木制工具。

⑫联合收获机工作或运输时，允许坡度不能超过15°。下坡时不能换挡，不能急刹车。在斜坡上停车时，要刹车，并用定位器卡住刹车踏板，有手刹车的要用手刹车固定，确定停车安全。

⑬经常检查刹车、转向和信号系统的可靠性。

⑭作业时，不允许带着满仓的粮食转移地块，要坚持就地卸粮，随满随卸。

⑮不要在高压线下停车，作业时不与高压线平行行驶，以免发生意外。

⑯机组远距离转移时，必须将割台油缸安全卡卡在支撑位置。

⑰严禁在蓄电池和其他电线接头部位放置金属物品，以防短路。要注意清理检查蓄电池通气孔以防堵塞。

⑱联合收获机作业结束停车时，必须将割台落地停放，所有操纵装置回到非工作状态才能熄火。离开驾驶台时，取下起动开关钥匙，并将总阀断开。

⑲因故障需要牵引时，最好采用长度不小于3米的刚性牵引杆，并挂在前桥的牵引钩上。不允许倒挂后桥挂结点。被牵引收获机不允许挂挡，牵引速度不超过10千米/时，不能急转弯。不允许拉车或溜坡启动发动机。

⑳支起联合收获机时，前桥支点应放在机架与前管梁连接处支承板平面上，后桥应支承在铰接点上方。拆卸驱动轮时，应先拆与轮毂固定的 4 只 M6 螺母，卸下总成。如需再拆内外轮辋固定螺栓，必须先放完气后再拆，以免轮辋飞出伤人。

第四章　小麦收获机械作业技术

第一节　小麦机械化收获作业技术

一、作业前检查与试割

小麦联合收割机作业前要做好充分的保养与调试，使机具达到最佳工作状态，以降低故障率，提高作业质量和效率。小麦正式收割前，选择有代表性的地块进行试割，以对机器调试后的技术状态进行一次全面的现场检查，并根据作业情况和农户要求进行必要调整。

试割时，采取正常作业速度试割 20 米左右距离，停机，检查割后损失、破碎、含杂等情况，以及有无漏割、堵草、跑粮等异常情况。如有不妥，对割刀间隙、脱粒间隙、筛子开度、风扇风量等视情况进行必要调整。调整后，再次试割，并检查作业质量，直到满足要求方可进行正常作业。

试割过程中，应注意观察机器工作状况，发现异常及时解决。

二、确定适宜收割期

小麦机收宜在蜡熟末期至完熟期进行，此时产量最高，品质最好。小麦成熟期主要特征：蜡熟中期下部叶片干黄，茎秆有弹性，籽粒转黄色，饱满而湿润，籽粒含水率 25%～30%。蜡熟末期植株变黄，仅叶鞘略带绿色，茎秆仍有弹性，籽粒黄色稍硬，内含物呈蜡状，含水率 20%～25%。完熟期叶片枯黄，籽粒变硬，呈品种本色，含水率在 20%以下。

确定收割期时，还要根据当时的天气情况、品种特性和栽培条件，合理安排收割顺序，做到因地制宜、适时抢收，确保颗粒归仓。小面积收割宜在蜡熟末期进行，大面积收割宜在蜡熟中期进行，以使大部分小麦在适收期内收获。留种用的麦田宜在完熟期收获。如遇雨季迫近，或急需抢种下茬作物，或品种易落粒、折秆、折穗、穗上发芽等情况，应适当提前收割。

三、机收作业质量要求

根据 NY/T 995—2006《谷物（小麦）联合收获机械　作业质量》要求，

全喂入联合收割机收获总损失率≤2.0％、籽粒破碎率≤2.0％、含杂率≤2.5％，无明显漏收、漏割；割茬高度应一致，一般不超过15厘米，留高茬还田最高不宜超过25厘米；机械作业后无油料泄漏造成的粮食和土地污染。为提高下茬作物的播种出苗质量，要求小麦联合收割机带有秸秆粉碎及抛撒装置，确保秸秆均匀分布于地表。另外，也要注意及时与用户沟通，了解用户对收割作业的质量需求。

四、正确选择作业参数

根据自然条件和作物条件的不同及时对机具进行调整，使联合收割机保持良好的工作状态，减少机收损失，提高作业质量。

1. 选择作业行走路线

联合收割机通常情况下有两种作业路线。一是四边收割法。对于面积比较大的田块，开出割道后，可采用四边收割法。当一行收割到头，履带中部与未割作物平齐时，向左转60°；一旦履带尾部超出未割作物，便边升割台边倒车，边向左转30°，从而使机器转过90°，割台刚好对正割区，换前进挡，放割台，继续收割。用这种方法，对于长宽差不多的大田块，效率较高。二是两边收割法。对于长度较长而宽度不大的田块比较适用。先沿长方向割到头后，左转弯绕到割区另一边进行收割。这种方法不用倒车，能提高收割效率，但需要开割道时，应将横割道开出约5米宽。机手应善于总结经验，根据不同的田块条件总结切合实际的操作方法。收割时尽量走直线，防止压倒一部分未割作物，造成人为的损失。田边地角余下的一些作物可以待大面积割完后再收割，或人工割下均匀薄薄地撒在未收割作物上等待收割。

联合收获机在田间的行走方式一般分为3种：回转式路径、折叠式路径和转角式路径（图4-1）。试验表明：对于不同宽度割台的切纵流联合收获机，当拐180°弯耗时小于拐90°弯耗时的2倍时，采用折叠式路径耗时最短；当拐180°弯耗时大于拐90°弯耗时的2倍时采用回转式路径耗时最短。

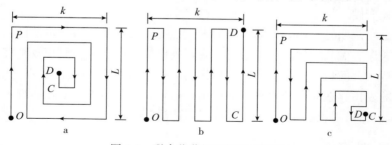

图 4-1　联合收获机田间行走路径

a. 回转式路径　b. 折叠式路径　c. 转角式路径

2. 选择作业速度

根据联合收割机自身喂入量、小麦产量、自然高度、干湿程度等因素选择合理的作业速度。通常情况下，采用正常作业速度进行收割。当小麦稠密、植株大、产量高、早晚及雨后作物湿度大时，应适当降低作业速度。

3. 调整作业幅宽

在负荷允许的情况下，控制好作业速度，尽量满幅或接近满幅工作，保证作物喂入均匀，防止喂入量过大，影响脱粒质量，增加破碎率。当小麦产量高、湿度大或者留茬高度过低时，以低速作业仍超载时，适当减小割幅，一般减少到满幅的 80%，以保证小麦的收割质量。

4. 保持合适的留茬高度

割茬高度应根据小麦的高度和地块的平整情况而定，一般以 5~15 厘米为宜。割茬过高，由于小麦高低不一或机车过田埂时割台上下波动，易造成部分小麦漏割，同时，拨禾轮的拨禾推禾作用减弱，易造成落地损失。在保证正常收割的情况下，割茬尽量低些，但最低不得小于 5 厘米，以免切割泥土，加快切割器磨损。

割茬高度的检查方法：在机收后的地块内，比较均匀地选取具有代表性的 5~10 个测量点，分别测量各点处割茬的高度，计算其平均值，公式为

$$H = \frac{\sum h_i}{i}$$

式中，H 为割茬高度（米），h_i 为各测量点处割茬高度（米），i 为所选点数。

5. 调整脱粒、清选等工作部件

脱粒滚筒的转速、脱粒间隙和导流板角度的大小，是影响小麦脱净率、破碎率的重要因素。

在保证破碎率不超标的前提下，可适当提高脱粒滚筒的转速，滚筒线速度与滚筒的直径、滚筒的转速之间的关系如下：

$$v = \frac{\pi D n}{60}$$

式中，v 为滚筒线速度（米/秒），D 为滚筒直径（米），n 为滚筒转速（转/分）。

在小麦联合收获机上滚筒的直径是固定不变的，调节滚筒的转速即可改变滚筒的（线速度）脱粒速度。滚筒线速度的大小，决定了对谷物的冲击、搓揉和梳刷作用的强弱：线速度小时，冲击力越大，搓揉与梳刷作用越强，脱净率越高，谷物在脱粒间隙中的运动速度提高，谷物层变薄，离心力加大，谷粒容易通过茎秆层和凹板筛孔，凹板分离率也相应提高。但线速度过高时，脱粒效

果的提高并不显著，谷粒和茎秆的破碎率加重，且使谷粒在滚筒上的跳动加剧，甚至使谷粒损伤，增加抛撒损失。因此，线速度的大小，要以脱净又不破碎谷粒为原则。

采取同时减小滚筒与凹板之间的间隙，正确调整入口与出口间隙之比（应为4：1）等措施，提高脱净率，减少脱粒损失和破碎。清选损失和含杂率是对立的，调整中要统筹考虑。在保证含杂率不超标的前提下，可通过适当减小风扇风量、调大筛子的开度及提高尾筛位置等，减少清选损失。作业中要经常检查逐稿器机箱内秸秆堵塞情况，及时清理，轴流滚筒可适当减小喂入量和提高滚筒转速，以减少分离损失。

6. 调整拨禾轮速度和位置

拨禾轮的转速一般为联合收割机前进速度的1.1～1.2倍，不宜过高。拨禾轮高低位置以使拨禾板作用在被切割作物2/3处为宜，其前后位置应视作物密度和倒伏程度而定，当作物植株密度大并且倒伏时，适当前移，以增强扶禾能力。拨禾轮转速过高、位置偏高或偏前，都易增加穗头籽粒脱落，使作业损失增加。

第二节　特殊条件下小麦收获技术

一、倒伏小麦收获

收获倒伏小麦时应首先对联合收割机割台进行调整，并可安装辅助装置。

拨禾轮的调整包括拨禾轮前后和高低位置的调整，拨禾轮弹齿角度的调整。一般收获倒伏小麦应将拨禾轮向前调整，使弹齿的位置在最低点时处于护刃器前端150～200毫米，拨禾轮高低位置以弹齿可以接触到地面或距地面20～50毫米为宜，调整时以保证切割器在切割作物前拨禾轮首先将倒伏作物扶起为原则。由于收割倒伏小麦时，拨禾轮扶起小麦的阻力比正常收获时要大得多，为保证弹齿有效扶起小麦，延长弹齿与小麦的接触时间，一般弹齿角度向后或向前偏转15°或30°。顺倒伏小麦收割时，弹齿向后偏转；逆倒伏小麦收割时，弹齿向前偏转。

拨禾轮转速与作业行进速度要匹配，拨禾轮转速相比收获机行走速度要快25%。如果拨禾轮转速过低，不仅拨禾轮扶不起倒伏小麦，而且还会将割下来的小麦推落到地上，造成不必要的损失。

小麦联合收获机倒伏辅助装置主要是加长分禾器。加装加长分禾器，不但可以在切割前有效分离纠缠在一起的小麦，减小机器前行阻力，还可以有效防止拨禾轮缠绕小麦，减少拨禾损失，减少拨禾轮因阻力过大而发生的损坏故障。加长分禾器的安装如图 4-2 所示。

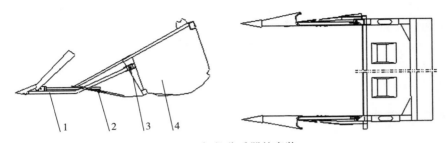

图 4-2 加长分禾器的安装
1. 加长分禾器 2. 调节螺栓 3. 安装螺栓 4. 割台侧壁

可在割台刀架上加装扶倒器（图 4-3），扶倒器可以把倒伏的小麦扶起到切割器上，便于切割，减少拨禾轮扶禾阻力，提高扶禾效果。作业时收割机要尽量直线行驶，避免左右扭摆，以防扶倒器碾压更多的小麦植株，造成更大的损失。

图 4-3 扶倒器

由于收获倒伏作物时，负荷增大且不均匀，在保证脱粒效果的前提下，尽可能增大脱粒入口间隙，防止物料不均匀引发堵塞等故障。

倒伏小麦收获时还应注意以下几方面作业技术方法。

①割台高度的控制。割台托底板轻触地面，割刀距地面高度以 20～50 毫米为宜（视倒伏情况调整），割茬高度一般不宜超过 50 毫米。

②降低收割速度。根据倒伏的严重程度选择合适的收获速度，一般以较低的速度为宜，以保证不漏割，且尽量保证割台喂入搅龙输送负荷均匀，既可保证减少损失，又能防止负荷不均匀造成的割台、脱粒滚筒堵塞，以及堵塞引发的零件损坏故障。尽量避免在清早或夜间作物返潮时作业，在这种条件下作业，机器负荷大、作物难以分开，容易造成割台、脱粒系统堵塞，损坏机器，

收获损失也会增大。

③倒伏严重时，尽可能按倒伏方向收割，使拨禾轮在切割器前扶起作物，减少切割损失。

④收割倒伏小麦时，由于割茬低、根部含水率高，喂入量一般会大幅增加，脱出物水分含量高，清选分离难度增大，因此，要适当增大风量，调好风向和筛子的开度，以糠中不裹粮为宜。

二、多杂草情况下的收获

田间杂草多会降低小麦收获质量。同时，联合收获机也是杂草种子的传带载体，在多杂草麦田收获时应该特别注意这个问题。联合收获机从物料喂入排杂通常需要超过1分钟的时间。如果联合收获机沿着地边缘收获排杂，杂草种子就可以被带到200米左右或更远的地方，从而会使杂草种子进入下一块地，给来年小麦种植带来不利。

有些杂草种子，特别是燕麦和雀麦很难在收获时从小麦中分离出来（图4-4）。对于含草量大的田块，可最后收获。待燕麦、雀麦成熟，这时很容易在收获过程中靠风选过程分离。对存在燕麦的小麦田，收获时联合收获机一般调整准则是：

①将上筛的开度设置为推荐范围的最大值。

②将下筛的开度设置为推荐范围的最小值。

③风机风量设置为最大值。

图4-4　掺杂在小麦田里的燕麦

三、过熟小麦收获

小麦过度成熟时，茎秆过干易折断、麦粒易脱落，脱粒后碎茎秆增加易引起分离困难，收割时应适当调低拨禾轮转速，防止拨禾轮板击打麦穗造成掉粒损失，同时降低作业速度，适当调整清选筛开度，也可安排在早晨或傍晚茎秆韧性较大时收割。

四、潮湿小麦收获

小麦早期收割、夜间露水大时收割、潮湿天收割时，茎秆含水率高，要调小凹板间隙，保证脱粒干净，加大清选筛振幅，以减少堵塞，加大风量，提高风速，降低排杂口挡板高度，以提高清洁率。

五、大风天气小麦收获

在风较大的天气作业时，为提高洁净度，减少损失，注意顺风收割应加大风量，逆风收割要减小风量。

六、坡地小麦收获

尽量避免横坡行驶作业；长距离上坡收割时，应调高筛子后部，选用较大的筛孔，减小进风口开度，以减少粮食损失；短距离上坡收割时，则不必调整；下坡地长距离收割时，筛子后部应调低。

第三节　小麦收获作业减损技术

一、小麦收获损失

从小麦的千粒重达到最大值时到小麦入库前这段时间小麦籽粒损失的总质量称为小麦粮食损失。造成小麦粮食损失原因可分为自然粮损、完熟粮损和机收粮损。自然粮损指小麦收获前因受到振动而脱落的籽粒的总质量，是由风吹、雨打、雹砸、人畜踩踏等原因造成的。完熟粮损是小麦千粒重随成熟度的增长而下降及完熟期时籽粒脱落和穗头脱落造成的粮损。小麦机械收获过程产生的粮食损失称为机收粮损或收获损失。

小麦机械化收获损失包括割台损失、脱粒损失、清选损失、漏粮损失。割台损失是由切割器堵塞、弹齿倾角不当、弹齿高度不当、拨禾轮前后位置及转速不当等原因引起的。脱粒损失是由脱粒滚筒转速不当、凹板间隙不当造成的损失；清选损失是由于筛网与尾筛的开度不当、风扇转速过大，导致小麦籽粒随糠一起排出而造成的损失；漏粮损失是由于收割机输送槽与滚筒接合处、脱粒、清选装置的两侧等密封部位损坏造成的。

国家对小麦机收作业时小麦损失的标准作出了规定：根据 NY/T 995—2006《谷物（小麦）联合收获机械作业质量》要求，全喂入联合收割机总损失率不大于 2.0%，若小麦每亩产量为 500 千克，联合收获机作业损失不得超过 10 千克。

二、小麦联合收获机作业减损技术

一般新购进的小麦联合收获机都具有很好的小麦脱粒和清选性能，但在进行收获作业时仍会产生收获损失。在良好的小麦收获条件下，有的收获机械作业损失甚至会高达 50 千克/亩左右。小麦收获作业减损一方面要降低收获损失，另一方面要提高粮食清洁度。在小麦收获作业减损技术方面通过联合收获机的检查调整、作业能力、小麦收获品质、小麦损失检测几个方面综合管理来减少小麦收获损失。

1. 联合收获机初步检查调整

作业技术人员一般应根据联合收获机使用手册对联合收获机进行检查调整。如果无法在使用手册或使用说明上找到调整要求，可参照表 4-1 进行初始调整设置。首先，发动机转速是所有调整操作中最重要的一项。如果发动机转速太低，脱分器的转速也会随之降低，从而影响收获作业性能。

表 4-1　小麦联合收获机参数设置参考

参数	范围	建议
上筛开度	1/4～3/4	5/8
下筛开度	1/8～3/8	1/4
风机转速	中速至高速	接近高速
发动机转速/（转/分）	2 000～2 200	2 200
凹板间隙开度	1/8～1/2	1/4

在联合收获机作业过程中可根据需要对其进行微调。要对联合收获机进行微调，必须考虑联合收获机各个组成部分之间的关系。联合收获机工艺流程为：切割后喂入→脱粒→分离→清选和收集。联合收获机按照这样的工艺路线工作，如果其中一个系统无法正常工作，就会出现收获质量问题。例如，割台高度太低，进入联合收获机秸秆量大，会导致随后的脱粒和分离效果差。

割台的作用是切割和喂入。应调整割台高度，拨禾轮的高度、拨禾轮速度以及其位置的前后高低。随着地形的变化，操作员可以调整切割的高度，保证收获机喂入量正常，联合收获机作业正常。

拨禾轮应该调整到最佳位置，通过拨禾轮的旋转使待割区的小麦卷入到收割台进行切割和喂入。它的速度和联合收获机在地面行走的速度是相对应的，通过拨禾轮的作用，小麦平铺到切割台上继续进行下一步的作业。

应确保割刀的锋利和工作状态良好，钝镰刀会限制地面行走速度，从而造成籽粒损失。小麦应均匀地通过割台喂入以确保脱粒良好。

脱粒在脱粒滚筒的前部发生，受凹板间隙和脱粒滚筒转速的影响。脱粒滚筒转速决定了会发生多少谷物损伤，以及从穗头上脱离掉的种子数量。清选将决定有多少种子被分离并从凹板中落下。理想情况是，脱粒是在不损坏籽粒或秸秆的情况下将穗头上的所有籽粒脱掉。

脱粒滚筒调整也是重点调整环节之一，因为它会影响联合收获机其他部分的性能。首先要检查联合收获机上的脱粒滚筒间隙。脱粒元件的凹面可能会有磨损，要注意凹板间隙前后一致。

脱粒不足，或没有完全从穗头上除去谷物，使分离变得困难。当凹板间距太大或滚筒速度太低时，就会发生这种情况。过度脱粒是指秸秆被粉碎和破碎，其结果是，部分秸秆可能使下筛超载，从而夹带籽粒。过度脱粒的其他征兆是谷物破裂和大量的物料退回到滚筒中。有裂纹的谷物有可能被吹到排杂口处，即使留在粮仓里，也会造成加工和储存方面的问题。

为了避免过度脱粒，在达到将籽粒从穗头脱下必要的脱粒滚筒转速和间隙的前提下滚筒转速不要太快，间隙不要太小。同时可以在割台留一些临时谷粒，作为脱粒过程中的最佳平衡的标志。

脱粒在谷物清选中起着重要的作用，在进行满意的脱粒之前，不应对清选装置进行调整。除脱粒过多外，清选损失还可由几个因素造成。窄的筛片开口度会导致谷物被吹走，风机调整不当也可能导致这种情况出现。如果筛片开口度太大，它会使筛子超载，增加籽粒损失。筛片开口度大小应垂直于百叶窗测量。

当物料在筛选机上空的空气中悬浮不充分时，筛片处就会出现一种欠吹状态。这是由于开口狭窄或气流不足造成的。粮食应该首先从清选筛掉下来2/3，如果筛片上有厚厚的物料，籽粒就不会落下来，而被带到筛子的尾部。

如果筛选机开度太小，通过筛面籽粒数减少，造成籽粒损失增加，影响联合收获机的整体性能。改变清选筛开度也会影响空气速度和方向。理想情况下，筛分气流运动将物料悬浮在上面，允许籽粒通过筛子。筛口应设置足够大，使所有籽粒通过，而不允许非籽粒物质进入粮仓。

2. 联合收获机作业能力

联合收获机作业能力是联合收获机在调整适当，可保持可接受的损失水平下的最大收获速率。作业能力不仅受切割、喂入或动力的影响，而且还受脱粒、分离或清洗等功能区性能的影响。作业能力要与可接受的总体损失水平联系起来综合分析。

小麦常规联合收获机最常见问题是拥堵和过载，联合收获机在超过合理喂入量的条件下工作，秸秆超负荷导致的损失迅速增加。

在特定的作物环境条件下，喂入量将与地面作业速度成正比。在中等喂入量以下，约90%的小麦脱粒应该发生在凹板，只留下10%发生在逐稿器。喂入量较高时，凹板的分离量会大幅减少，因此更多的籽粒被传递到逐稿器上，造成过多的分离损失。减少逐稿器损失的唯一方法是放慢速度。在超载的联合收获机上将地面速度降低25%，可以很容易地将收获损失减少一半。图4-5为一种切纵轴流机型籽粒损失速率随前进速度变化而变化的情况。

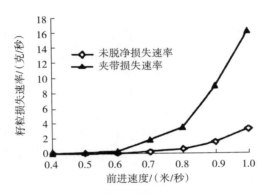

图 4-5　籽粒损失速率与前进速度关系

3. 小麦收获品质

联合收获机的综合调整对小麦品质的影响主要表现在两个方面：籽粒损伤和小麦的清洁度。小麦籽粒损伤包括有裂纹和破碎。这些会造成生产过程中产生扬尘等，促进病虫害发生和霉菌生长，给小麦加工造成困难。受损小麦一部分会积存在联合收获机粮仓里，但很大一部分会以面粉和小碎片的形式从机器后部流出。一般来说小麦破损率可达到0.5%～2%，甚至更高。

小麦破损主要发生在联合收获机的脱粒区，但在清选籽粒输送系统中也会造成一定破损。在小麦收获中，完全脱粒和籽粒损伤之间有一种取舍，无法在不造成破损的情况下实现完全脱粒。籽粒损伤通常是由滚筒转速过高引起的。降低滚筒转速不能完全降低小麦籽粒破碎率，还需要进行凹板间隙调整。

4. 小麦收获损失检测与联合收获机参数调整

为保证小麦联合收获机良好的作业性能，一般通过检测小麦田间收获损失来检验联合收获机的作业性能，应经常对联合收获机的各项参数进行调整设定。

（1）小麦机械收获田间损失检测 小麦收获作业损失率调查方法可根据 GB/T 5262—2008《农业机械试验条件测定方法的一般规定》，在田间进行小麦收获籽粒损失测算时采用五点法进行采点取样，如图 4-6 所示，分别在 5 个样本点记录 1 米×1 米区域内掉落在田间的小麦籽粒数。通过测量单位的换算，将测量区域的小麦籽粒损失的籽粒数以千克/亩计量，其中在进行单位换算时，小麦千粒重可按照前三年平均千粒重取值。

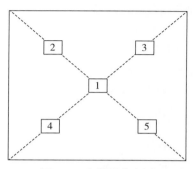

图 4-6 取样点分布图

小麦收获作业田间损失率 S 计算公式为

$$S = \frac{M_T}{Y} \times 100\%$$

式中，S 为小麦籽粒地头损失率（%），M_T 为机收后田间小麦损失质量（千克/亩），Y 为收获区田间小麦理论产量（千克/亩）。

田间作业区小麦籽粒损失主要包括排杂区小麦籽粒损失和割台前小麦籽粒损失，其检测方法是在田间正常作业区检查小麦损失时，联合收获机以正常速度收获作业，获得一个代表性的收获作业区域，停车后联合收获机倒车 7 米以上，对联合收获机前后以及未收获区进行检测，如图 4-7 所示。

图 4-7 田间小麦籽粒损失检测示意

1. 未收获小麦损失检测区　2. 割台损失检测区　3. 脱分损失检测区

未收获区损失检测：在未收获区域取 3 个 0.1 米² 区域统计地面损失（粒），计均值 U，即为小麦田间自然落粒损失（粒）。割台损失检测：在割台和未收获区之间区域，再取 3 个 0.2 米×0.5 米的试验区域，统计地面落粒数，并取均值 F，联合收获机割台损失（粒）为 H，则 $H=F-U$。脱分损失检测：在联合收获机后部排杂口外，取 3 个 0.2 米×0.5 米的检查试验区域，统计三个区域的落粒数，计均值 R，联合收获机脱分损失（粒）为 T，则 $T=R-F$，落粒数 R 为排杂区小麦籽粒田间总损失，包括小麦田间自然落粒损失、割台损失、脱分损失。

总收获损失率计算公式为：

$$S=\frac{0.667Rq}{Y}\times100\%$$

式中，S 为总收获损失率（%），R 为联合收获机田间总损失（粒），q 为千粒重（克），Y 为小麦未收获区理论产量（千克/亩）。

由于多数联合收获机的割台宽度比脱分装置宽度大几倍，因此应考虑联合收获机后散布装置的宽度。收获损失检测虽然执行起来简单，但是地面统计可能会很耗时，每次应认真测算核实。

若按收获损失率 2% 计算。亩产 500 千克小麦的损失率应控制在 15 克/米² 之内。若取小麦千粒重 40 克，则每 0.1 米² 内的脱分损失应在 38 粒内。

（2）小麦联合收获机参数调整 联合收获作业总损失一般包括割台损失、脱粒损失、清选损失和分离损失等，要求收割作业总损失率应控制在 2% 以下。但在实际作业过程中其总损失率往往偏高，有的甚至达到 5%，不同程度地影响小麦亩产量和农民经济收入，也造成了不同程度的浪费。

针对联合收获机作业实际中出现的损失，可以根据图 4-8、图 4-9 判定流程进行参数调整。

三、小麦机械收获田间损失调查

在每块田地中随机选择 6 个边长为 1 米的方格（面积为 1 米²）。随后，人工收割这些地区的谷物，谷物被分离并称重。理论产量（M_b）是由每块田地 6 个方格的平均产量计算得出。为确定收获期间的谷物损失量，以割刀宽度为基准 1 米² 的面积中的一条边由收获机割台的宽度（10.4 米）决定，第二边为 0.0961 米（图 4-10）。收集并对来自该地区的所有谷物（包括被打烂的）进行称重。收获损失量（M_g）是每个地块至少三个点的平均质量。

损失率是收获损失量与理论产量的比值：

$$Z_q=\frac{M_g}{M_b}\times100\%$$

式中，Z_q 为损失率（%），M_g 为该地块收获后 1 米² 收集到的平均质量（千克），M_b 为该地区理论产量的平均值（千克）。

联合收获机出厂设置的参数是厂家推荐的参数，与有经验联合收获机手根

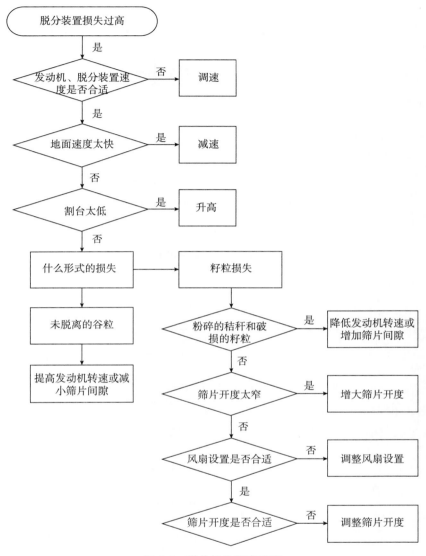

图 4-8　脱分损失判定流程

据作业情况设置的参数在田间作业时产生的小麦田间损失量不同。参数设置情况可进行田间验证方法对比确定。例如分别从联合收获机的设置参数滚筒速度、滚筒与脱分器之间的间隙、风机转速和上下筛网的开度 4 个参数设置进行对比分析。在五个具有不同总谷物产量的田地进行，并选择其中两个相邻的收获区进行测量。在整个测量过程中使用 GPS 进行联合收获机导航，在靠近收获区的地方进行理论产量的测定。测量路线为 100 米，联合收获机使用的是 4

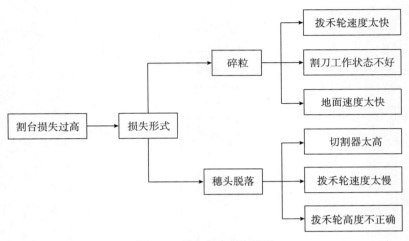

图 4-9　割台损失判定流程

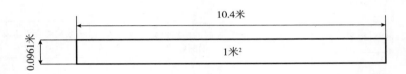

图 4-10　用于确定收获损失的测量方案图（1 米²）

千米/时恒定速度。选择此速度是为了使筛分负载达到最佳。根据测量方法确定测量收获损失的点设置在第 25、50 和 75 米（图 4-11）。

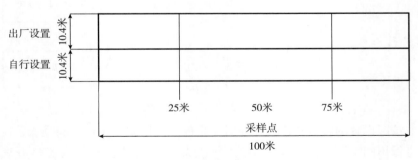

图 4-11　现场实验设置方案

小麦的联合收获机参数设置概述如表 4-2 所示。用户自行设置与厂家推荐的设置不同，收获小麦时自定义设置滚筒和机体之间的间隙增加了 146.60%，上下筛网的开口间隙调整幅度，分别增大 42.85% 和 77.70%。

表 4-2　小麦联合收获机收获参数设置

设置	推荐值	设定值	差值/%
滚筒转速/（转/分）	900	900	0.00
滚筒和脱分器间隙/毫米	15	37	+146.60
清选风机转速/（转/分）	980	1 050	+7.14
上筛开度/毫米	14	20	+42.85
下筛开度/毫米	9	16	+77.70

在 5 个不同产量的冬小麦种植地块进行试验。小麦损失率如表 4-3 所示。可以看出，自行设置的小麦收获损失率较低。推荐设置损失率范围为0.58%～0.97%，自行设置的损失率范围为 0.49%～0.75%。从结果来看，收获损失率也很明显与小麦平均产量有关，随着平均产量增加，损失率也随之增加。

表 4-3　不同平均产量和不同设置下冬小麦联合收获机的收获损失

平均产量/（吨/公顷）	推荐设置的平均损失率/%	自行设置的平均损失率/%
4.759	0.58	0.49
5.829	0.69	0.55
6.531	0.75	0.63
7.807	0.88	0.70
8.039	0.97	0.75

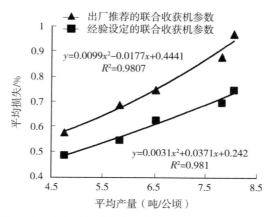

图 4-12　小麦田间损失与平均产量和联合收获机参数

出厂推荐的联合收获机参数是针对不太可能发生的平均条件提供的。联合收获机收获过程是一个复杂的问题，需要联合收获机机手具备充足的有关知识储备和娴熟驾驶操作技能才能减少谷物田间收获损失，从而增加经济产量。

　　实践证明，根据小麦田间收获作业实际正确调整联合收获机作业参数可有效降低田间收获损失率。因此，联合收获操作技术人员要熟悉小麦联合收获机械的结构原理、性能特点，正确地检查和调试，熟练地进行操作，这是降低小麦联合收获机收获损失的基本工作，也是联合收获机的提高收获质量和增加收获作业效益的保障。

第五章　小麦收获信息化、智能化技术

国外先进的联合收割机越来越广泛地采用自动化、智能化控制技术，以及大量使用电子调节和自动操纵系统，如约翰迪尔、凯斯、纽荷兰、福特和麦赛福格森等公司生产的自走式全喂入联合收割机，日本洋马公司研制的半喂入联合收割机和自走式全喂入联合收割机等。通过大量使用传感检测技术、信号处理技术、遥感技术，联合收割机的作业效率和质量显著提高。联合收割机的作业运行采用电子系统进行自动化管理，还可以对其实施远程检测并对一些复杂机械进行故障诊断等。

第一节　小麦收获作业信息管理

人均农业资源匮乏与农业资源利用率低，以及劳动力老龄化，是阻碍我国农业实现现代化的主要矛盾。依赖智能装备实现精准化、自动化和智能化的农业生产，提高农业生产率、资源利用率和土地产出率，是解决以上矛盾的重要途径。在小麦收获生产中，应用远程实时监控系统，可通过无线通信网络向监控管理中心服务器实时传输收获机械作业位置及工作状态信息。

一、小麦收获信息管理系统组成

收获机械作业分布范围广、作业环境恶劣且数量繁多，人工监测机具运行状态将造成大量人力物力的消耗，自动化水平低；传统的在线监测方式对于大范围收获机械的测量存在费用高、采集精度差和能耗大等问题。通过建立收获机群远程监测系统，其硬件设备由集成 GSM（全球移动通信系统）和 BD/GPS（北斗卫星导航系统/全球定位系统）技术的远程数据采集器以及工程信号接收器组成，可实现农业机械作业状态、收获面积及地理信息等的自动监测及数据的主动上传。实现监测数据的实时显示、保存，地理信息的准确定位及行驶轨迹的动态跟随；通过调用 Microsoft Access（关联式数据库系统），监测中心可将单机使用状况及时汇总，为收获机群的分配、调度、组合和集中管理提供依据。

系统可实现数据的实时传输、准确采集。实现联合收获机机群远程监测。

小麦收获信息管理方面常采用农机作业远程监测信息系统，该系统由农机作业远程监测终端、农机作业远程监测系统平台、计算机通信网络等组成，如图 5-1 所示。系统各部分之间通过网络互联互通，实现农机作业管理和数据交换共享。

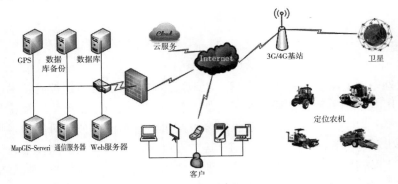

图 5-1　收获作业远程监测信息系统

农机作业远程监测系统集成物联网技术、传感器技术、计算机测控技术、图像识别技术、遥感技术、卫星定位技术以及无线通信技术，采取软硬件结合的产品设计概念，通过安装在小麦联合收获机上的作业监测设备，进行作业数据的采集和传送，实现小麦联合收获机作业状态和作业数据准确监测，为小麦联合收获机作业监管提供了量化依据，可极大降低管理强度，提升小麦联合收获机作业管理信息化水平。

1. 农机作业远程监测终端

农机作业远程监测终端是安装在作业机具上，具有卫星定位、无线通信、作业深度监测、机具识别、图像采集和显示报警等功能的装置。

终端应包括微控制器、卫星定位模块、无线通信传输模块、数据存储模块、电源处理模块、显示报警装置、机具识别装置、作业深度监测装置、图像采集装置、卫星定位天线、无线定位天线、无线通信天线等，可包括操作键、读卡器、信息发布等设备，以及视频、音频、农机驾驶员信息采集设备等。

终端一方面通过 BD/GPS 接收机接收农机的地理位置信息，确定农机的位置和运行状态，通过 GIS 显示模块实时显示；另一方面通过传感器接收发动机转速和油耗等信息，并连同农机的位置信息一同传送给农机监控管理中心，同时接收监控管理中心发来的各种农机管理调度信息，实现对农机的远程实时监控与管理调度。

2. 农机作业远程监测系统平台

农机作业远程监测系统平台可以接收终端上传的详细作业信息，存储和管理农机作业数据，精准计量农机作业面积、对农机作业进行质量分析，统计汇总数据，支持对重耕、遗漏和跨区作业检测与分析，提供数据导出和报表打印等功能。

农机作业远程监测系统平台面向农机管理部门、合作社和农机大户，支持数据接收、数据处理、数据存储和报表输出/打印，主要功能包括农机作业地图、农机作业管理、作业数据统计和历史数据查询。

农机作业地图实现农机实时监控、行驶轨迹回放和农机地图操作。

农机作业管理实现作业统计分析和作业质量分析。

作业数据统计实现报表输出和打印，包括按市、县、镇、合作社导出当季农机作业数据，按农机单位导出单日作业数据。

农机作业远程监测系统平台要求具有的功能如下。

（1）数据接收功能　平台应具备接收终端上报的作业信息和图像信息的功能。

（2）数据处理功能　平台应具备对终端上报的作业信息和图像信息进行处理分析的功能。

（3）数据存储功能　平台应具备存储终端上报的作业信息和图像信息以及数据处理分析结果的功能。

（4）报表导出/打印功能　平台中所有查询结果及统计分析结果应支持Excel 的报表导出或者打印功能。

（5）实时监控功能　平台应具备对当前在线车辆进行实时监控的功能，可以查看农机具属性信息、机组时空信息、作业详细信息等。

（6）轨迹回放功能　平台应具备对作业机组历史作业轨迹信息进行回放、再现的功能。

（7）作业量统计功能　平台应具备对作业机组作业数据按照行政区划、时间、统计指标等进行统计，并可按照不同图表类型予以显示的功能。

（8）作业质量分析功能　平台应具备计量作业机组的作业面积、达标面积、达标比、平均深度等，基于数字地图进行位置数据、深度数据和图像数据的融合展示，并生成作业质量日报单，支持数据导出与打印的功能。

（9）作业重叠遗漏检测功能　平台应具备提取作业的区域边界，检测分析农机作业的重叠、遗漏、跨区情况等功能。

3. 计算机通信网络

网络服务器端与车载终端之间主要依靠无线通信方式进行数据传送，如GPRS（通用分组无线服务）、CDMA（码分多址）等。为了更好地满足农机监控管理信息系统实时监控和管理调度的时效性要求，基于液晶触控屏的车载终端采用的是 GPRS 无线通信传输。

GPRS 在无线传输方面主要具有以下的优势：无线移动传输，支持 IP 协议（网际互连协议），可以与其他分组数据网络进行无缝、直接连接；方便快捷，可永远保持连线状态，连接 GPRS 网络后，将实时保持在线状态，不存在掉线问题，可以使用现有的手机无线移动通信网络；按流量计费，只有产生通信流量时才计费，此方式更加科学合理，降低了生产成本。

二、小麦收获信息管理系统原理

小麦收获信息管理系统在小麦收获机的车体部分装有一个 GPRS 数据发送器，数据可通过 CAN（控制器局域网）总线转 RS-232（异步传输标准接口）串行接口与小麦收获机 CAN 总线网络相连。该发送器可随小麦收获机一起同步启动。启动后，发送器会自动通过移动无线通信网络 GPRS 和 Internet 与监控管理中心的服务器进行连接。与此同时，系统会将当前小麦收获机的作业速度、作业位置、燃油消耗量及发动机工作状态等信息实时通过 RS-232 接口向外送出。GPRS 数据发送器则实时接收这些数据并存储，当发送器监测到这些数据出现异常时，将自动通过 GPRS 网络和 Internet 向监控管理中心的服务器发出报警。同时，用户也可以通过监控管理中心随时查询当前小麦收获机的运行情况。

监控管理中心主要由中心服务器和数据库组成。系统运行时，所有小麦收获机的实时数据全部通过 GPRS 网络和 Internet 发送到中心服务器，中心服务器建有专门的本地小麦收获机作业数据库，存有每台小麦收获机的基本信息，同时车载终端传回的报警数据和查询数据也将保存在数据库中。监控管理中心的服务器，可以通过 Internet 或网络差分基准站联系和沟通驾驶员，对其进行管理；也可以设置不同级别权限的账户，不同级别的用户拥有各自的管理权限，可通过中心服务器对所管理的小麦收获机进行信息查询和管理，方便快捷。

三、小麦收获信息管理系统主要功能

1. 小麦收获机分布位置查询

小麦收获机管理人员可以从信息系统中查询辖区内正在作业的小麦收获机的分布数量和分布位置的情况，系统将小麦收获机的位置反映在农田电子地图上，并可以在电子地图上查询每辆小麦收获机运行情况。

2. 小麦收获机作业数据采集与分析

该系统能够实时传输卫星导航定位信息，并通过传感器采集小麦收获机运行参数数据，如运行时间、发动机转速和机油压力、液压油和冷却液温度，以及故障代码和燃油消耗量等。小麦收获机上安装的 BD/GPS 终端直接连通车载监控显示器，可通过车载监控显示器获取小麦收获机运行参数数据。监控管理中心通过作业现场传输来的数据建立小麦收获机虚拟仪表，实时监控小麦收获机设备的运行参数，简单、方便、快捷，并可以自动记录小麦收获机设备当前所处地理位置和小麦收获机作业行驶轨迹。

3. 小麦收获机作业远程监控报警

小麦收获机管理人员和技术人员可以随时通过信息系统查询辖区内的小麦收获机，对小麦收获机作业位置进行调度；可以对每天调度结果进行查询，查看辖区内小麦收获机是否按时到达调度地点，是否进行正常作业；当小麦收获机违规运行或突发故障时，终端设备会将报警信号和故障代码传输至监控管理中心，使小麦收获机管理人员及时作出判断，对小麦收获机驾驶员进行提示，并向小麦收获机驾驶员发送专家维修建议。报警信息主要包括：①跨区作业报警；②非法启动报警；③油料消耗报警；④故障报警。

4. 数据查询与记录回放

信息系统在日常使用过程中会积累大量的历史数据，这些数据都是来自小麦收获机作业的最原始、最真实的第一手资料，对小麦收获机管理和技术人员是难得的数据材料。为了充分利用这些数据，信息系统具有强大的数据分析功能，主要是对小麦收获机作业的位置分布、车辆故障、油料消耗及工作时间进行统计和分析，实现了对小麦收获机作业的实时监控，使小麦收获机管理人员更好地对小麦收获机进行管理、维修和保养。

5. 远程监测与诊断

小麦收获机由于长期在恶劣的环境下使用，故障率较高。系统中的专家维护子系统专门用于故障诊断，远程监测小麦收获机运行参数，如在小麦收获机作业时遇到突发故障，技术人员可参照小麦收获机参数及时排查故障并进行维护，保证了小麦收获机作业时间和作业效率，延长了小麦收获机设备使用寿命。

四、国内外农机信息管理系统

1. 美国约翰迪尔公司 JD LINK 系统

美国约翰迪尔公司 JD LINK 系统具有网上查询农机作业位置、农机作业数据信息、农机作业效率及作业费核算等功能，管理人员在办公室内上网就能监控管理农机作业，实现农机作业精准管理。

使用 JD LINK 系统可以减少故障停机时间，增加农机正常工作时间，提高农机作业效率，提高经济效益。管理人员可以用笔记本电脑、台式计算机或移动 PDA 设备进行以下操作：

①随时查询农机的位置和工作时间。

②通过信息系统获得地理信息和天气预报信息，便于制订作业计划。

③制订维修保养计划对农机进行维修保养，以延长机器使用寿命。

④分析驾驶员操作习惯和燃油使用情况，便于修改驾驶员不正确的操作习惯。

⑤开展远程机器诊断，进行远程维修指导，可节省机器的维修时间。

JD LINK 系统的核心是控制器（MTG），控制器中安装有无线移动通信模块、卫星通信模块及天线等。农机作业数据是通过控制器收集，并以无线传输方式传送到监控中心数据服务器中，管理人员可以通过登录 JD LINK 网站来浏览和查询。约翰迪尔 JD LINK 系统如图 5-2 所示。

图 5-2 约翰迪尔 JD LINK 系统

在无线移动通信信号不可用或不可靠的地方可以使用卫星通信模式。平时 JD LINK 会通过无线移动通信系统进行连接，在信号连接不能建立的情况下，JD LINK 将立刻切换到卫星通信模式以保持连接。

管理人员或驾驶员可以在移动设备上安装 JD LINK 系统应用软件，访问 JD LINK 系统网站，接收农机作业数据信息，对农机作业情况进行监控。

2. 美国天宝公司网络农场系统

美国凯斯公司农业机械上安装有美国天宝公司研发的网络农场系统，它是一个基于网络的综合性现代农业生产管理信息系统，可以提高农业生产管理效率和经济效益。使用这套系统可以实现从手机到办公室、从农机到办公室、农机对农机之间的无线通信，形成农业物联网系统，管理人员在办公室可以对农事操作进行有效的管理。美国天宝公司网络农场系统如图 5-3 所示。

图 5-3　美国天宝网络农场系统

（1）办公室同步子系统　办公室同步子系统是天宝网络农场系统的重要组成部分，提供了农机作业现场和办公室之间的无线数据传输，可以把农机作业数据信息直接发送到台式计算机、笔记本电脑和车载电脑上。

办公室同步子系统解决了以往使用存储卡或存储设备进行信息存储不便的问题，将农机作业信息通过无线移动通信网络直接发送到办公室，可及时收到来自农机作业现场的数据。

办公室同步子系统使用的硬件是天宝公司专用车载计算机、天宝公司生产的手持 PDA 和安装有天宝公司软件的台式计算机。传输的数据包括农机作业计划和已完成的农机作业数据、A/B 卫星导航线数据、排水系统规划数据、土壤采样分析数据、粮食产量数据、变量投入处方图数据等。办公室同步子系统具有如下优点：

①保持数据的实时传输。

②在办公室内虚拟再现作业现场。

③减少对经销商的咨询。

④生成管理人员所需的成本报表。

⑤可以记录农机作业、A/B 卫星导航线、等高线图、排水系统规划及土壤采样分析等数据，而且不用 USB 闪存就可以实现办公室与作业现场之间的数据传输。

⑥在农场外安全的地方进行自动保存原始数据备份，以防止原始数据文件的丢失或损坏。

⑦可以利用 Wi-Fi 无线网络将数据短距离传送，避免无线移动通信和卫星通信信号的失灵。

⑧安装有网络农场系统的农机在出现故障时，自动向管理人员发送短信，

进行故障警告。

（2）**车辆同步子系统**　车辆同步子系统是天宝网络农场系统一个重要组成部分，它可以使同一区域内工作的多个车辆之间进行实时无线数据传输，如图5-4所示。

图 5-4　车辆同步子系统

安装有 FMX 集成显示器和 DCM-300 调制解调器的农业机械，使用一个解锁软件，可以让农机车辆之间共享 A/B 卫星导航线、农田等高线图、农田地块边界图，而且可以把信息传输给在同一个区域内作业的其他农机车辆。管理人员不再需要用 USB 存储器将一个单元的数据移动到另一个单元中。在关键作业期间提高了农机运营效率和作业质量，可以实现信息实时共享。车辆同步子系统具有如下优点：

①使用新程序或进行新的操作时，可以共享给同一区域内的多个农机驾驶员。

②通过无线网络传递数据，不用数据传输卡传递数据，节省数据管理的时间。

③在作物收割时，联合收割机与卸粮车辆之间的通信更加方便，可保持联合收割机与卸粮车辆之间同步等速行驶，可在联合收割机作业的同时卸粮。

④跟踪其他在同一区域中农机作业的情况，防止重复作业。

⑤可以支持 300 米范围之内 5 台农机之间的数据传输。

3. 拓普康公司远程资产管理系统

拓普康公司远程资产管理系统（图5-5）是拓普康公司针对用户的移动资产提供远程管理服务的系统，它在移动车辆上安装无线移动通信模块，将车辆的各种信息传送到管理中心的服务器上，对车辆的位置和运行状态进行信息化管理，以达到提高作业效率、降低成本的目的。

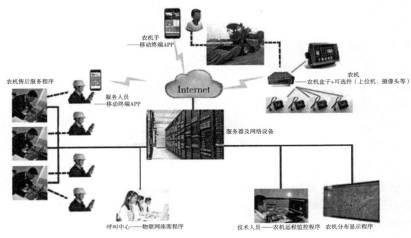

图 5-5 拓普康公司远程资产管理系统

系统实时监测现场作业的农机运行状况、农机作业的详细位置及运转状况；实时管理多个作业现场，并监视驾驶员的工作状况，及时通知驾驶员有关周围环境的信息。借助于无线网络管理，使管理人员对农机工作状态一目了然。

根据车辆的运行数据，输出各种各样的工作报表，如发动机工作时间、作业效率、保养信息、作业时间和停机时间、燃料消耗情况和过滤器使用时间等。

远程资产管理系统安装简单，可以方便、实时地反馈农机位置、工作时间和机器状态信息，采用短信报警，自定义页面设置，并支持多种语言，自动生成农机作业信息报表和输出报表，并对报表信息加密保护。

第二节 遥感技术在小麦收获生产中的应用

遥感（remote sensing）是指非接触的、远距离的探测技术。一般指运用传感器、遥感器对物体的电磁波的辐射、反射特性的探测。遥感是通过遥感器这类对电磁波敏感的仪器，在远离目标和非接触目标物体条件下探测目标地物，获取其反射、辐射或散射的电磁波信息，并进行提取、判定、加工处理、分析与应用的一门科学和技术。按遥感平台的高度分类，大体上可分为航天遥感、航空遥感和地面遥感。卫星遥感（satellite remote sensing）为航天遥感的组成部分，以人造地球卫星作为遥感平台，主要利用卫星对地球和低层大气进行光学和电子观测。

卫星遥感以人造地球卫星为平台，可以实现农情信息收集和分析的定时、定量、定位，客观性强，不受人为干扰，方便农事决策。卫星遥感调查具有视点高、视域广、数据采集快和重复、连续观察的特点，获取的资料数字化，可直接进入用户的计算机图像处理系统。卫星遥感调查具有传统调查方法无法比拟的优势。提升现代卫星技术支持下的农业机械智能化水平，加快基于卫星技术的智能农业机械系统的发展，对实现农业"高产、优质、高效、生态、安全"协调发展目标具有重大意义。

卫星遥感技术在智能农业机械系统中的应用主要包括：①监测农作物种植面积、长势信息（图5-6），依据监测数据估算区域范围内农作物的单产和总产量。②通过与地面智能设备的配合，对农田进行土壤侵蚀、地表温度和蒸发量等数据的监测，以分析评估耕地质量。③监测预报干旱、病虫害等灾情，并进行损失评估。遥感为精准农业所需空间变异参数的快速、准确、动态获取提供了重要的技术手段。通过使用遥感卫星准确地收集地面农情信息，结合3S技术［RS（遥感技术）、GIS（地理信息系统）、GPS（全球定位系统）的统称］等其他现代信息手段，建立不同条件下的农事模型，不受人为干扰，支持农业生产决策，使发展精准农业成为可能。

图5-6　卫星遥感下的小麦种植区

一、小麦成熟遥感预测

小麦收获时间对小麦的产量、品质有重要的影响，合理预测小麦收获时间有助于提高小麦的品质和产量，同时还可以指导农业机械进行合理的调度安排，这对规模化小麦种植区域的机械化收割有重要意义。

成熟期是作物一个世代生育的自然终限期，从农学意义上说，成熟是作物生长发育的一个阶段，指作物的果实成长到可收获的阶段。传统对小麦成熟期和最佳收获期的判断主要是依据籽粒或叶片的颜色、结构及冠层结构等作物特征进行主观的解译，这种方法难以在大范围应用，易引入主观判断的误差，同时该方法只能用于现场判断，不具备预测的能力。

遥感观测具有覆盖范围广、空间连续、多时相等特点，能较好地反映作物生长状况的差异及连续变化等特征，基于遥感数据获取作物成熟度的信息，确定收割顺序，是遥感在精准农业中的一个重要应用领域。适时收割，避免不利天气影响，是农业生产中的关键环节。收获过早或过晚都会影响产量，不利于丰产增收。因此，做好作物成熟期预报，分析确定适宜收获期，成为遥感为精准农业实施提供信息支持的重要领域。

利用遥感技术对作物成熟期预测主要是关注作物在成熟过程中所表现出来"象"。目前遥感监测作物成熟期主要有两种方法，一种是使用时间序列遥感数据如归一化植被指数（normalized difference vegetation index，NDVI）跟踪作物生长过程，通过作物生育末期作物生长过程的特征变化确定作物成熟期；另一种则是通过遥感数据量化作物成熟过程中的生理、生化指示因子（如叶绿素与水分等），从而实现成熟期预测。

1. 作物物候的遥感监测方法

根据监测方法和模型的差异可划分为阈值法、Logistic 函数拟合法、谐波分析法、滑动平均法和斜率最大值法等。这些方法利用时间序列遥感数据（如NDVI）跟踪作物生长过程，通过其变化在时间序列数据上的反映开展监测，成熟期作为作物物候的一个特定阶段，可以通过这些方法进行监测。其中阈值法是通过给植被指数设定阈值条件确定作物生长季的开始和结束，分为固定值阈值法和动态阈值法；Logistic 函数拟合法对每年 NDVI 时间序列数据进行拟合，根据拟合曲线曲率变化的特点，实现各物候转换期；谐波分析法是通过离散的傅里叶变换把一个复杂的 NDVI 时间序列函数分解成多个不同频率的周期函数，并用不同谐波的位相来表征作物物候特征；滑动平均方法是利用实际时间序列植被指数曲线与其滑动平均曲线的交叉确定作物物候相；斜率最大值法是根据作物的生长过程，将 NDVI 时间序列曲线变化率最大的点所对应的时间定义为作物的关键物候期。

2. 小麦成熟期遥感预测

利用卫星遥感数据开展小麦成熟期的预测，对遥感数据的时间分辨率、空间分辨率以及光谱信息均有一定的要求，早期的主流卫星传感器无法满足这些要求。随着新型传感器的不断涌现，近年来有学者在这个领域进行初步的探索，主要预测方法有以下四个方面。

①将机载传感器获取的遥感数据与卫星遥感数据相结合，通过相互标定和比对减少大气的影响，提高小麦麦穗水分含量的估算精度，在此基础上以麦穗

含水率为指标可以进行作物成熟期的预测与田块收获顺序的确定。

②在分析冬小麦成熟期临近过程中水分和叶绿素的动态变化的基础上，以 HJ-1A CCD（HJ-1A 卫星：环境与灾害监测预报小卫星星座的一颗卫星；CCD：CCD 相机）数据构建的植被指数来反映作物绿度的变化，以 HJ-1B IRS（HJ-1B 卫星：环境与灾害监测预报小卫星星座的一颗卫星；IRS：红外相机）数据构建的归一化水指数（NDWI）来反映作物含水率的变化，通过回归分析建立了冬小麦成熟期的遥感预测模型，实现了像元尺度的冬小麦成熟期遥感预测，预测结果的准确度为 65%；虽然实现了作物成熟期的预测，但主要是回归性地开展了一些作物成熟指标（水分、叶绿素）的遥感指示因子与成熟期的相关分析，未能充分利用遥感光谱信息可以通过反演进行作物生化组分精准量化的优势，所发展的模型均为单点模型，方法无法推广。

③使用小麦生育期内 HJ-1 A/B CCD 时间序列影像，通过线性插值构建像元尺度上逐日的时间序列 NDVI，随后采用上包络线 S-G 滤波方法重构以儒略日为计时法（在儒略周期内以连续的日数计算时间的计时法）的时间序列 NDVI，通过动态阈值法逐像元提取冬小麦抽穗期（图5-7）；然后以抽穗至成熟期的有效积温模型为判别依据，利用欧洲中期天气预报中心（ECMWF）提供的日平均气温预报数据，实现未来 10 天冬小麦成熟期的动态预测；最后采用农业气象站点的成熟期观测值对预测结果进行验证，重点对比分析了从不同成熟期预报起始时间点获得的冬小麦成熟期精度，以确定最优的预报起始时间点。结果表明：当预报时效小于等于 10 天时，成熟期预测精度趋于稳定，因此，综合考虑确定提前 10 天对预测冬小麦成熟期在时效和精度上最优，平均误差为 3 天。该方法为地块尺度的区域农作物成熟期预测提供了可参考的技术途径。

④为科学组织小麦机械化收获生产，指导小麦联合收获机调度管理，减少小麦收获生产损失，开展较大区域范围内的小麦收获期预测研究。研究工作根据 Landsat 8 卫星遥感影像，分析研究冬小麦生长期内归一化植被指数 NDVI、增强性植被指数（enhanced vegetation index，EVI）与归一化水指数（normalized difference water index，NDWI）的变化，以冬小麦相关植被指数 NDVI、NDWI 和 EVI 为自变量，以冬小麦生长期天数为因变量，通过多元回归分析，建立冬小麦生育期不同阶段内收获期预测模型。通过数据分析，其决定系数＝0.97，均方根误差＝2.23，冬小麦收获期的预测值和观测值相关性达到极显著水平。

最终推出冬小麦在成熟期阶段建立大区域内冬小麦收获期预测模型。该预测模型实际验证得到收获期，小麦籽粒含水率均在 20% 均在以下，达到了小麦联合收获机收获籽粒水分标准。

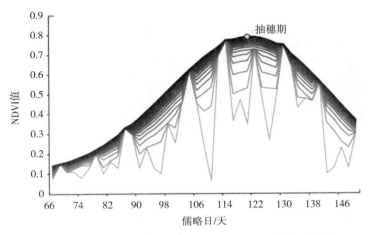

图 5-7　典型像元 S-G 上包络线滤波 NDVI 时间序列过程

下面小麦收获期预测模型对 2021 年黄淮海小麦种植区收获日期进行预测。

黄淮海小麦种植区从南到北，分别选取河南省驻马店遂平、新乡原阳、安阳瓦店以及保定为监测点进行小麦收获期预测，区域内小麦成熟期阶段 Landsat 8 卫星遥感图像获取情况如下：驻马店遂平获取 2 景，新乡原阳获取 2 景，安阳瓦店获取 3 景，保定获取 4 景，如表 5-1 所示。

表 5-1　小麦检测区域 Landsat 8 遥感影像列表

序号	时相	预测区
1	2021-05-02	驻马店遂平、安阳瓦店、保定
2	2021-05-09	新乡原阳、保定
3	2021-05-18	驻马店遂平、安阳瓦店、保定
4	2021-05-25	安阳瓦店、新乡原阳、保定

根据小麦收获期模型，分析预测得出监测点 2021 年小麦收获期，并得出与去年相比其收获期的变化，如表 5-2、图 5-8 所示，其中预测模型的收获期定义是小麦蜡熟末期，籽粒含水率在 15%～20% 阶段。

表 5-2　小麦监测点收获期预测

小麦监测点	经度/纬度	收获期预测	收获期变化（与去年比）/天
驻马店遂平	114.1322°E/33.1747°N	5 月 28 日	+4
新乡原阳	113.6899°E/35.0092°N	5 月 31 日	0
安阳瓦店	114.5336°E/35.9961°N	6 月 09 日	−1
河北保定	115.4648°E/38.8738°N	6 月 12 日	+1

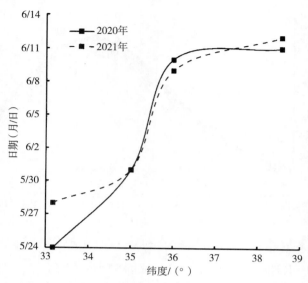

图 5-8　黄淮海小麦种植区观测点近两年收获期变化

　　由于黄淮海小麦种植区南部持续受气温及降雨影响，以驻马店为例，从 Landsat8 卫星遥感数据分析看，小麦成熟期阶段 NDVI、NDWI、EVI 值较去年变化趋缓，如图 5-9 所示。结合小麦收获期预测模型，预计 2021 年黄淮海南部小麦收获期将推迟，其他区域与去年趋于一致，其收获期变化不大。

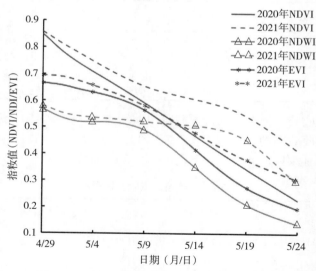

图 5-9　驻马店观测点近两年卫星遥感指数对比

二、小麦倒伏检测技术

小麦倒伏是最常见的自然灾害之一。倒伏会诱发各种病虫害，严重影响籽粒灌浆过程，最终影响小麦产量与品质。小麦倒伏不利于机械化收割，需投入更多人力物力进行收获，大大增加了收获成本和农田收益损失。据相关报道，倒伏小麦比未倒伏小麦平均每公顷减产约 750 千克，同时机械收割平均每公顷多花费约 375 元，因此，准确、快速获取小麦倒伏信息对于农业部门及农业保险部门进行灾情评估、防控指导和损失估计具有重要意义。

目前，作物倒伏监测方法主要分为人工法和遥感法。人工法通过人力统计小麦倒伏信息，费时费力，效率低下；遥感法根据小麦倒伏与非倒伏地块在遥感影像中各个特征变量的特异性，提取小麦倒伏信息。

1. 无人机遥感对小麦倒伏区域进行监测

无人机遥感凭借其平台易建性、成本低、操作简单、时空分辨率高等优势，弥补了卫星遥感和近地遥感的不足，已经成为农业定量遥感研究中快速、准确获取作物信息的主要工具，是当前研究的热点和趋势。目前，利用无人机遥感数据的作物倒伏信息提取方法主要有监督分类法和像元统计分析法，其中监督分类法主要包括样本训练和分类器选择 2 个阶段，像元统计分析法主要通过统计分析图像中地物在光谱、纹理和颜色方面的像元值，以差异系数和变异系数为评价指标，选取单个特征参数进行倒伏信息提取。如以无人机拼接数码影像为研究对象，分别采用最小距离法、最大似然法、神经网络法和支持向量机 4 种监督分类法对冬小麦倒伏信息进行了提取，并估算小麦倒伏面积。以无人机对小麦倒伏区域进行监测，优点是精度高，但是监测区域范围小，适合对局部小地块倒伏进行监测，并且这种方法在预防小麦倒伏方面具有一定的滞后性。

2. 卫星遥感对小麦倒伏区域监测

卫星是通过光学遥感和雷达遥感来监测小麦倒伏。在光学遥感方面研究发现小麦冠层光谱反射率随倒伏角度的增加而增加，并利用陆地资源卫星Landsat 增强型专题制图仪（enhanced thematic mapper，ETM）影像倒伏前后归一化植被指数（NDVI）的变化，可以成功监测小麦倒伏的发生程度。光学遥感主要利用了光谱特性，倒伏后光谱反射率发生变化，进而基于变化的光谱反射率判断倒伏发生的程度。但是光学遥感的光谱技术有其局限性，倒伏引起的光谱变化比较微弱，且往往淹没在复杂多变的混合光谱之中，实际上导致光谱变化的因素较多，如农田环境和其他胁迫如病虫害、水肥胁迫等，因此难以将倒伏的弱信息从众多影响因素中提取出来；而且发生倒伏时，往往伴随着灾害天气，光学遥感数据受阴雨天气的影响无法保证数据的及时获取。

雷达遥感中的合成孔径雷达（synthetic aperture radar，SAR）数据不受天气影响，且更为重要的是，SAR 对结构的变化十分敏感，而小麦发生倒伏时，最直接的是群体结构发生变化，理论上利用 SAR 数据监测倒伏更具优势。基于 Sentinel-1A 雷达影像双极化的 SAR 数据不仅容易获取，而且其重访周期较短（研究区重访周期为 12 天）。相较于光学遥感，SAR 在灾害天气下进行作物倒伏分析时更具优势。如基于 Sentinel-1 雷达影像数据，用自然高与植株高的比值作为倒伏程度评价指标，构建作物倒伏监测模型，模型求解的自然高与植株高比值与实测比值总体相关性达到 0.899，达到极显著相关性水平。

3. 小麦倒伏风险预测

目前，在小麦倒伏风险预测方面国外研究学者较多，如将卫星图像归一化植被指数（NDVI）中的作物生物量与影响倒伏的各因子田间水平信息相结合，建立倒伏风险模型。该模型将冬小麦田间倒伏风险分为低、中、高三类。该模型显示了特定地区冬小麦的倒伏风险，时间大约在决定使用抗倒伏剂（PGR）的时候。表 5-3 显示了倒伏风险模型中的参数，即小麦品种、土壤类型、播种日期、施氮量和施氮效果的影响因素、NDVI 指数。模型中倒伏风险分为低、中、高三组。如果分数之和小于－2，则倒伏风险预计较低。如果总分在 3 和－2 之间，那么倒伏风险是中等的。如果分数总和超过 3，倒伏风险将会很高。模型中的参数和分数是基于国外的经验和实验。模型的输出以三种颜色类别显示。绿色表示倒伏的风险较低，黄色表示倒伏风险中等，红色表示倒伏风险高。

表 5-3　冬小麦倒伏风险评分的计算因素

倒伏风险和种植因素	低风险	中等风险	高风险	各因素得分变化
冬小麦品种	高强度秸秆	中等强度秸秆	低强度秸秆	－1，0 或 2
土壤类型	沙地没有灌溉	沙地灌溉	黏土和腐殖质丰富的土壤	－1，0 或 1
播种日期	较晚播种	中期播种	较早播种	－1 或 2
单位面积生物质（NDVI）	低 NDVI 指数	中 NDVI 指数	高 NDVI 指数	－1，0 或 1
生物质校正（NDVI）	一般高水平	一般高水平	一般高水平	1
每公顷氮(应用＋计划－需要)	≤－30kg	－30～30kg	≥30kg	－1，0 或 1
每公顷氮含量（测量日前）	≤60kg	60～100	≥100kg	－1，0 或 1
每公顷氮素效应(作物＋肥料)	≤4kg	4～25	≥25kg	－1，0 或 1
每个类别的最高总分	－6	1	10	

三、小麦秸秆田间覆盖检测

小麦秸秆在小麦及机械化收获后可进行秸秆粉碎还田（图 5-10），也可进行小麦秸秆收获打捆，饲料化利用。利用遥感技术估算秸秆覆盖度可以宏观评价小麦秸秆利用和还田情况。

图 5-10　小麦秸秆还田

可见光-近红外遥感被广泛应用在秸秆覆盖度遥感估算上。可见光-近红外遥感是指利用波段范围在 400～2 500 纳米的遥感技术的统称。可见光通常指的是 380～740 纳米范围内的光谱区域；近红外区域通常又被划分为近红外（740～1 300纳米）和短波红外区域（1 300～2 500纳米）。可见光-近红外遥感数据源众多、易于使用且数据处理技术成熟。但是，土壤和秸秆在可见光-近红外光谱区域（350～2 500纳米）具有相似的光谱特征，作物秸秆仅在2 100纳米附近存在纤维素-木质素的吸收谷，这无疑增加了秸秆覆盖度遥感估算的难度。为了有效区分土壤与秸秆，众多影像光谱指数已被提出，如基于 Hyperion 影像的纤维素吸收指数（cellulose absorption index，CAI）；基于 Aster 影像的木质素-纤维素吸收指数（lignin cellulose absorption，LCA）和短波红外归一化差异秸秆指数（shortwave infrared normalized difference residue Index，SINDRI）；基于 Landsat-5 TM 影像的亮度指数（brightness index，BI），归一化差异指数（normalized difference index，NDI5 和 NDI7），归一化差异耕作指数（normalized difference tillage index，NDTI），归一化差异衰老植被指数（normalized difference senescent vegetation index，NDSVI），归一化差异秸秆指数（normalized difference residue index，NDRI）等。已有研究表明，CAI、LCA、SINDRI 在秸秆覆盖度估算方面的表现优于 NDI5、NDI7、NDTI、NDSVI。但是这些影像的传感器（Hyperion、Aster、Landsat 5 TM）或处于超期服役状态，或已经无法正常工作。

为了实现秸秆覆盖度的持续监测，有必要进一步探索其他遥感影像的秸秆覆盖度估算潜力。2013 年 2 月 11 日美国航空航天局（NASA）成功发射 Landsat-8 陆地卫星。Landsat-8 卫星携带 2 个传感器：陆地成像仪（operational land image，OLI）和热红外传感器（thermal infrared sensor，TIRS）。其中，Landsat-8 OLI 传感器在延续 Landsat 系列卫星特点的同时做了很多改进，如波段更多、波段划分更加精细等。已有研究表明，Landsat-8 数据在判定植物生长状况方面具有良好表现，Landsat-8 OLI 较 Landsat-7 ETM＋在利用植被指数判定植被覆盖类型方面表现更优。以田间实测小麦秸秆光谱反射率为数据源，模拟 Landsat-8 OLI、Landsat-5 TM、Aster、Hyperion 影像波段反射率，并构建光谱指数。通过对比分析各波段反射率以及光谱指数与小麦秸秆覆盖度间的相关关系，明确 Landsat-8 OLI 数据在小麦秸秆覆盖度估算方面的潜力；同时建立基于光谱指数的小麦秸秆覆盖度估算模型，并对模型进行验证，进一步评估 Landsat-8 OLI 数据在小麦秸秆覆盖度估算方面的能力。研究表明，基于 Landsat-8 OLI1 和 OLI2 波段构建的 NDI_{OLI21} 指数估算结果最优，决定系数为 0.60，均方根误差为 9.56%，平均相对误差为 9.83%，优于 Landsat-5 TM 构建的光谱指数，且仅次于 Aster 构建的木质素-纤维素吸收指数（LCA）和短波红外归一化差异秸秆指数（SINDRI）以及 Hyperion 构建的纤维素吸收指数（CAI）。因此，波段更多、波段划分更加精细的 Landsat-8 OLI 构建的光谱指数在小麦秸秆覆盖度估算方面达到了一定精度，具有良好的应用前景。

第三节　小麦收获机作业状态监测技术

谷物联合收获机的作业监视系统可以将各个功能模块的运行情况反馈给操作人员，帮助操作人员实时了解谷物联合收获机的运行情况，减少操作人员的劳动强度，提高工作效率。

早在 20 世纪 60 年代，许多国家便开始研究联合收割机的监测仪器。目前，英国、美国、俄罗斯、加拿大和德国等国家都已有成型产品作为联合收割机的附件出售。如纽荷兰、迪尔等公司的收割机上安装了电子信息、电子驾驶操纵等系统。这些装置主要控制机器的常规参数，如发动机转速、机油压力和温度、燃油量、电压等；同时也控制随机工作性能参数，如实际行驶速度、转速、作业面积、作业效率、工作时间等。英国麦赛福格森公司的 Filed Star 系统终端具有强大的系统诊断功能，一旦系统中的某部分经监测出现故障，操纵者可以通过诊断工具及预警系统来发现故障部分并可以及时而迅速地解决故障。日本研制的半喂入联合收割机操控台配备了液晶显示仪表及监测仪器，操作者可以非常直观地通过显示仪来实时观察到机器运行的各种参数，如发动机转速、负荷大小、筛选箱堆积、储谷多少、秸秆堵塞、脱谷深浅等情况，充分体现了自动化作业技术的应用。可以实现联合收割机自动控制车速、检测行进速度和收割状态，并且可以实时监测工作状态是否异常，以便及时发出灯光信号和报警提示，起到全方位的监测和自保护作业。美国凯斯公司的 AFS 智能化联合收获机配备了多种传感器、卫星导航系统、田间信息实时数据采集系统，并及时生成产量分布图，准确可靠地获取谷物瞬时流量、含水率、车辆行进速度、割台高度与幅宽以及脱粒后的谷物传递速度等参数。

目前国内对于联合收割机智能化监测方面的研究主要有智能化测产、喂入量测控、脱粒质量测控、分离和清选损失测控。其中智能化测产主要是联合收割机在收获过程中经卫星系统定位和导航，由测产系统实时智能测产，绘制出产量分布图，这样可以做到对前期作物生产过程的监测与总结，以及对下一年农业生产过程中作业决策作出准确预测。因而对于智能测产功能的研究，有必要进一步研究适用的谷物流量和籽粒湿度监测系统，以开发出适合国产收获机械的智能测产系统。国内外联合收获机上主要的几项监测技术介绍如下。

一、收获损失检测技术

损失率是联合收割机的一个重要工作性能指标，也是联合收割机工作参数调整的重要依据。联合收获机使用中的基本要求，是在保证谷粒损失低于允许范围的情况下，充分发挥机器的生产效率。但是，只凭驾驶员的经验估计机器的负荷和工作质量，这个要求是难以达到的。为了测定谷粒损失，需要花费很大的劳动量，而且测定值是不连续的。20 世纪 70 年代初，苏联、美国、德国、英国等国家已经开始研究各种谷物损失监视器。监测原理主要为冲击声音识别和冲击压电效应两方面。约翰迪尔公司生产的 JD1075 型联合收割机损失监测器可检测单位时间内的谷物损失，该监视系统由逐稿器损失传感器、清粮筛损失传感器和谷物损失监视仪等构成。此外，约翰迪尔公司生产的 JD9660STS 型联合收获机、凯斯公司生产的 Case IH 2366 型联合收获机均已配备籽粒损失检测传感器，用来检测小麦联合收割机收获时清选造成的损失。谷物检测传感器的研究主要是采用压电陶瓷检测谷物的冲击信号进行损失量测量。国内也开展该研究并取得了一些成果。由于农业谷物的质量较小，其冲击信号比较微弱，联合收割机在收获过程中由于机组振动和地面的颠簸会对压电材料的输出信号产生影响，导致测量误差增大。为提高检测精度一般由计算机系统分析传感器传输的振动信号来检测谷物损失。声音检测是通过高灵敏的微型麦克风来拾取籽粒和秸秆等物料冲击传感器感应板的声音信号，并对信号进行放大滤波等处理，然后经由高速计数电路根据采样比例最终得到损失量，送入二次仪表显示。但是由于籽粒和秸秆等物料冲击传感器产生的声音信号非常微弱，而在联合收割机作业过程中，其内部机械噪声很强，很容易对麦克风采集声音信号产生比较大的干扰。

Teejet（特杰特）公司的 LH765 型谷物损失监测器包括分别安装于逐稿器和清选筛后部的损失传感器、信号处理器和显示仪表。该系统能够将夹带与清选损失信息进行综合处理，进而提高联合收割机的工作性能，并且对不同谷物具有良好的适应性。传感器采用压电晶体作为检测元件，即在一块长方形金属板的中心位置，粘贴一片压电晶体，当损失籽粒下落时冲击传感器的弹性元件金属板，压电晶体将金属板所产生的机械振动转变为相应的脉冲信号，不同物料冲击传感器金属板所产生的信号频率和幅值不同，通过提取这些不同物料的信号特征，利用信号处理方法将秸秆杂余等信号滤除，保留籽粒信号，最终得到损失量。但是这种方法局限于敏感材料的类型而无法提高测量精度，并且监测结果只显示所测区域范围的籽粒损失量，有一定的局限性。

谷粒损失检测装置由传感器和仪表两部分组成。传感器固定在逐稿器或筛子的出口处，仪表安置在驾驶员附近的适当位置，两者用导线连接起来。PVDF（聚偏氟乙烯）作为一种新型的高分子压电材料，与压电陶瓷相比具有压电常数高、柔韧性好、频响宽、稳定性好、易于加工和安装、对系统本身的结构影响小的优点，在微弱冲击和加速度测量领域得到广泛应用。其结构原理如图 5-11 所示。

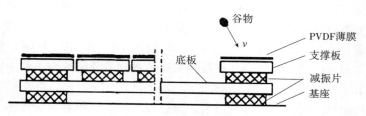

图 5-11　PDVF 压电传感器结构原理

谷粒撞击传感器后，产生一个固定频率的信号，滤波放大器只对这一频率的信号进行放大。仪表上的输出电压，代表了单位时间内谷粒撞击传感器的平均频率，也就反映了单位时间内的谷粒损失。

谷粒损失检测传感器能记录单位时间的损失量。它受作物产量和机器前进速度等因素的影响，会存在一定误差，需要使用标定。苏联设计的损失率检测装置采用四个传感器。两个装在逐稿器的后方；一个装在筛子后面，另一个则纵向安装在鱼鳞筛的下面，其长度等于筛子的长度。它可以反映单位时间内收获的总谷粒量。把谷粒损失传感器和总谷粒量传感器的测定值通过积分电路相除，即可得出损失百分数。传感器的安装部位如图 5-12 所示。

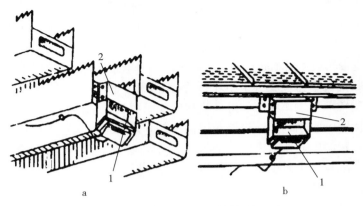

图 5-12　传感器的安装部位
a. 逐稿器传感器　b. 清粮筛传感器
1. 传感板　2. 导谷槽

美国和德国均研制了能够指示单位面积谷粒损失的监视器，把联合收获机的速度转换成电量输入到电路中，然后用损失量除以机器速度，便可以得到单位面积的损失量。目前谷粒损失检测的应用虽然还不够普遍，但是它是联合收获机发展的一个必然趋势。据统计，采用监视器后谷粒损失可以降低 0.5%，效率可提高 10%，因此每台联合收获机一年就可多收很多粮食。

二、主要工作部件检测

随着科技的进步和农业现代化的发展，联合收割机工作状态的检测也有越来越高的要求，农业机械装备经历了从传统功能型向机电液一体化、智能化转型的阶段。因此系统监测设备也应该与时俱进，现代农业故障监测技术也发生了很大的变化，从过去的定期拆卸检修、凭积累的经验维修发展到故障预测判断并能够诊断、扫除故障隐患。20 世纪 90 年代以来，国外联合收割机发展的一个重要特点就是收割机配备了各种先进的电子仪表监视装置以及使用电器、液压和驱动技术。以国外收割机名牌纽荷兰、迪尔等公司为例，他们在收割机上安装了电控操纵系统，可以根据田间情况随时更改收割机工作性能参数，如前进速度、发动机转速、动力输出、作业面积、工作时间等。联合收割机上已经装配有液晶显示监视器，操作人员可以在驾驶的过程中实时了解收割机的各种工作状态，如充电机油压力、发动机水温、秸秆堵塞、负荷大小、储谷多少等情况，是监测智能化技术在农机上应用的典范。

美国凯斯公司研制的联合收获机上配备了多种传感器、DGPS（差分全球定位系统）、田间信息实时数据采集系统，系统能够可靠地获取谷物流量、含水率、车辆行进速度、割台高度与幅度以及脱粒后的谷物传送速度等参数。联合收获机上的工作部件如逐稿器、粮箱、杂余搅龙、籽粒升运器和复脱器等，其上都装有传感装置，用以防止堵塞，提高效率。在谷粒螺旋和杂余搅龙轴端的安全离合器上，也有信号装置。当超负荷时，安全离合器打滑，安全离合器的活动齿盘连同皮带轮毂可沿轴向移动一小段距离，使电路接通，驾驶室信号灯发亮。

联合收割机中主要的工作部件有脱粒滚筒、风扇、籽粒搅龙、杂余搅龙等，这些旋转部件工作状态的好坏直接影响整机性能的发挥，一旦发生堵塞故障，将直接影响收割效率。以脱粒滚筒为例，通常造成脱粒滚筒堵塞故障的原因很多，谷物湿度、作物密度、喂入量、行走速度、草谷比等不恰当都有可能导致堵塞。故障发生时脱粒滚筒的转速急剧下降，严重时可能会损坏机器。这些旋转部件轴承部分温度过高而产生的"热轴"现象也容易引发故障，轴承作为联合收割机旋转部件中的易损件，在运行时由于轴承内部的摩擦、冲撞等会导致温度变化，轴承出现故障后温度升高，温升曲线近似于指数型曲线，初期变化较小，操作人员巡检不易发现，后期变化较快，操作人员则可能来不及发现。温度的变化能反映出滚动轴承的负荷、外界温度、润滑油等因素。因此，实时检测滚动轴承的温度可及时发现收割机旋转部件轴承故障并采取措施，避免出现烧轴、轧辊损坏等现象，从而保证联合收割机的正常运行。

1. 转速检测

联合收获机工作部件转速正常，是保证工作质量和效率的关键。某些部件的工作情况，通过转速的变化就可以了解。所以，现代联合收获机的关键部位（如逐稿器、滚筒、杂余搅龙和谷粒升运器等）的轴上都装有转速传感器。采用转速检测，可以防止部件堵塞和损坏，提高使用可靠性、工作质量和工作效率。目前采用的转速传感器多为电磁式。它可以在转速低于额定转速的10%～30%时，发出声光信号，预报发生故障的部件。转速监视传感器如图 5-13 所示。转速传感器一般是通过霍尔效应安装在轴的端部进行检测。在轴的侧面粘

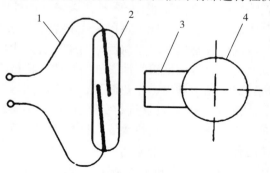

图 5-13　转速检测传感器简图
1. 导线　2. 干簧管　3. 永久磁铁　4. 旋转轴

贴磁钢，当磁钢经过霍尔元件时会产生霍尔效应形成脉冲信号，通过单位时间内记录的脉冲数和侧面的磁钢数目计算轴的转速。联合收获机脱粒滚筒转速传感器的安装如图5-14所示。

图5-14 转速传感器的安装

2. 割台高度检测

割台高度传感器用来作为开关信号，控制系统的工作与停止。当割台高度低于某一数值时，系统开始工作；当割台高度高于某一数值时，系统停止工作。割台高度传感器采用电位器式角位移传感器，使割台高度与电位器的旋转角度呈线性关系。系统选用5千欧精密电位器，机械转角270°，实际测量割台转角0°～40°。该精密导电塑料电位器启动力矩小，精度高，输出线性、平滑性好，如图5-15所示。图5-16是割台高度传感器实物安装图。该机构由摇杆、摆杆、传感器壳体等组成，关键是要保证机构为平行四杆机构，顺利实现转动。该装置上部为驾驶室，下部为收割机过桥，摇杆AB绕A转动，C点为过桥的转动中心，电位器安装在D点，ABCD构成平行四杆机构，以保证电位器转角与割台转角相对应。割台转角一般为0°～40°，可采用电位器机械转角的中部作为转角测量的工作区，电位器安装在割台转轴处，通过机械杠杆实现割台起伏与电位器同步旋转，将割台高度量线性地转为0°～40°的角度量，再通过阻压变换，将角度量转化为0～5伏的电压量。

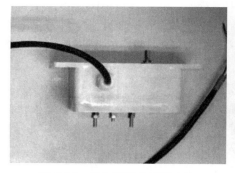

图5-15 割台高度传感器实物

图5-16 割台高度传感器实物安装

3. 行驶速度检测

计算谷物产量，必须监测联合收获机行驶速度。传统的行驶速度可由测量驱动轮轴转速和驱动轮直径计算出来。但由于驱动轮与地面之间产生滑转以及驱动轮直径随负荷质量大小而变化等因素，所得速度与真实行驶速度有一定的误差。当前多采用雷达和超声测速传感器。雷达利用微波，超声则利用高频声波，当波束射到地面反射后被接收的波束频率发生变化，由此便可测算出行驶速度。为避免由于地面有作物残茬等影响测量精度，联合收获机常将传感器安装在收获机机架靠近地面且在收获机前轮压过的平道上的位置上。行驶速度也可由卫星定位系统信号计算，但其精度受卫星定位系统精度的影响。

三、喂入量检测

喂入量是联合收获机的主要设计参数和性能参数。收割过程中割台喂入是短暂、时变的，喂入量很难直接测得，通常采用间接方法表示。目前，通常采用喂入相对平稳的倾斜输送器和脱粒滚筒来反映喂入量的大小。

利用倾斜输送器来反映喂入量时可检测喂入辊扭矩与转速、底板的压力来反映喂入量变化：Bruce Alan Cores，Karl Ludwing 与 Staiert Richard W 3 人中前者与后两者分别利用检测倾斜输送器喂入辊负荷与转速来检测喂入量的变化。陈进利用喂入主动轴扭矩来实时反应倾斜输送器喂入量，并通过 DF-1.5 型试验台建立了喂入量和喂入主动轴扭矩间的回归关系方程。介战采用谷物对倾斜输送器地板的压力来监测喂入量。

利用脱粒滚筒来反映喂入量时可采用脱粒滚筒扭矩和转速来反映喂入量：Budzich T 设计不同的扭矩测量结构，测量滚筒负荷，建立喂入量模型并对喂入量进行控制。Randolph G 等在变速机构设计惰轮，利用电位计监测惰轮的位移从而监测倾斜输送器与脱粒滚筒负荷变化，建立喂入量控制系统。张任成采用滚筒转速建立脱粒滚筒功耗模型，拉开了利用脱粒滚筒转速建立喂入量控制系统的序幕。陈度等研究脱粒滚筒扭矩传感器，利用脱粒滚筒扭矩检测喂入量，建立了喂入量与谷物损失模型。秦云利用脱粒滚筒负荷建立了行走速度控制系统。唐忠等建立试验台，利用扭矩传感器测量脱粒滚筒扭矩，建立喂入量模型。

1. 割台主动轴功率的喂入量检测方法

收获机工作时，作物由割台收割并喂入收获机，割台主动轴为整个收获机割台提供动力。因此，通过检测收获机主动轴的功率，建立收获机主动轴功率与喂入量之间的数学模型，进而实现喂入量的快速检测。该检测系统包括收获机主动轴扭矩传感器、主动轴转速传感器和车载工控机。扭矩传感器使用应变片组成惠更斯电桥，4 个应变片依次沿轴向 45°和 135°粘贴组成等臂全桥。当传动轴受到扭矩作用产生应变时，应变片随着主动轴表面伸长或缩短，电阻值产生变化，进而引起输出电压变化；通过对输出电压信号的测量得到割台主动轴扭矩。转速传感器通过霍尔效应进行检测。得到割台主动轴的转速。采用

ZigBee 技术实现数据传输。应变电桥产生的电压信号经过放大、滤波后，经过 A/D 转换由传感器内的 ZigBee 模块传输至收获机驾驶室内的工控机。通过检测收获机主动轴的扭矩和转速计算主动轴功率。

$$P_1 = \frac{n_1}{9550} T_1$$

式中，P_1 为主动轴功率（瓦），n_1 为主动轴转速（转/分），T_1 为割台主动轴扭矩（牛·米）。

2. 倾斜输送器功率的喂入量检测方法

这一检测方法是通过测量倾斜输送器运送作物所消耗的功率，建立喂入量与该功率的数学模型，进而实现喂入量的实时检测。联合收获机倾斜输送器动力轴同时为倾斜输送器和割台主动轴提供动力。倾斜输送器动力轴功率 P 等于割台主动轴功率 P_1 和倾斜输送器功率 P_2 之和。在倾斜输送器动力轴安装扭矩传感器检测得到动力轴扭矩 T；通过割台主动轴转速 n_1 和传动比 k 计算出倾斜输送器动力轴转速 n；再计算出倾斜输送器动力轴功率 P。

$$P_2 = P - P_1$$

$$P_2 = \frac{n_1}{9550}(kT_2 - T_1)$$

式中，P_2 为倾斜输送器功率（瓦），P 为倾斜输送器动力轴功率（瓦）n_1 为割台主动轴转速（转/分），n_2 为倾斜输送器动力轴转速（转/分），T_1 为割台主动轴扭矩（牛·米），T_2 为倾斜输送器动力轴扭矩（牛·米），k 为传动比。

在喂入量模型研究初期，人们希望尽可能及时检测到喂入量变化，即采用倾斜输送器喂入辊转速或者扭矩来测量喂入量。收获机割台主动轴转速由发动机转速和中间传动比决定，试验过程中割台主动轴转速变化不大，虽简化了喂入量模型的计算过程，但无法反映不同转速下喂入量与功率的关系。随着研究发现，脱粒系统是比较平稳的，反映喂入量相对及时，利于喂入量模型的建立，近年来大部分研究者利用脱粒滚筒转速或扭矩来建立喂入量模型。目前，国内加强了对脱粒滚筒扭矩与喂入量之间的模型研究。

第四节　联合收获机产量检测技术

联合收获机智能在线测产系统是精细农业的重要组成部分，目前世界上许多科学院校和农业设备制造企业都在研制和开发应用于不同作物的产量监测系统，其中国外一部分测产系统已成功投入商品化生产。其代表产品有：John Deere 的 Green Star 系统，Micro-Trak 的 Grain-Tank 系统，Ag Leader 公司的 PFadvantage 系统，AGCO 的 Field Star 系统，CASE IH 的 AFS 系统等。其中，Micro-Trak 的测产系统能够显示产量、车速、收获总面积等，存储卡的数据可以导入个人计算机进行复杂数据处理。

田间信息的采集是精细农业技术实践过程中的首要环节，特别是谷物产量信息的获取尤为重要，它能够指导农民合理投入生产资料，以节省资金、提高效益。生成谷物产量空间差异分布图，是实施精细农业的起点，它是谷物生长在众多环境因素和农田生产管理措施综合影响下的结果，是实现谷物生产过程中科学调控投入和制定管理决策措施的基础。变量作业的主要环节，如变量施肥、变量灌溉、变量播种、变量喷药等作为精细农业技术实践过程中的最终环节，都与产量空间差异分布图有着密切的关系。

采用传统农业的测产方法很难得知农田中各个小地块间产量差异及产量发生变化的土地面积大小。精细农业测产的方法与传统农业不同，它通过各种传感器实时监测收割机的状态及产量信息，拟合生成反映田间产量空间变化的产量分布图，从而彻底改变传统农业的管理方法，以此指导农业生产。为实现谷物产量的实时测量，将测产系统搭载在联合收割机上是最好的选择，通过安装在联合收割机上的各种专门传感器进行综合测量，进而估算出进入谷仓的谷物流量并计算出产量。

图 5-17 是谷物联合收割机测产系统各种传感器安装位置示意图。谷物流量传感器是整个测产系统的核心，流量传感器在设定时间间隔内自动计量累计产量，再换算为对应时间间隔内的单位面积产量，并根据对应小区的空间地理

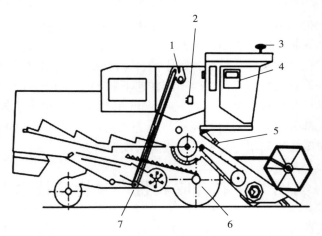

图 5-17　智能测产系统各种传感器安装位置示意
1. 产量传感器　2. 水分和温度传感器　3. 卫星接收天线　4. 智能监控器
5. 割台高度传感器　6. 地速传感器　7. 升运器转速传感器

位置数据折算为小区产量数据。为了获取小区产量分布图，在获取了产量信息的基础上，还要获取收获区域的位置信息，为此，需要在收获机械上装载卫星定位接收机以及其他辅助传感器。

一、谷物产量检测原理

获取农作物小区产量信息，建立小区产量空间分布图，是实施精细农业的起点，它是作物生长在众多环境因素和农田生产管理措施综合影响下的结果，是实现作物生产过程中科学调控投入和制定管理决策措施的基础。为此，需要在收获机械上装置卫星定位接收机和收获产品流量计量传感器。通用的 DGPS 接收机，可以每秒给出收获机在田间作业时天线所在地理位置的经纬度坐标动态数据，流量传感器在设定时间间隔内（即机器对应作业行程间距内）自动计量累计产量，再根据作业幅宽（估计或测量）换算为对应时间间隔内作业面积的单位面积产量，从而获得对应小区的空间地理位置数据（经纬度坐标）和小区产量数据。这些原始数据经过数字化后存入智能卡，再转移到计算机上采用专用软件做进一步处理。实际上，产量空间分布数据的处理是一个复杂的过程，但可以通过专用软件快速完成。例如，卫星接收机指示的天线位置动态数据与割台收割作物的即时位置，按机器结构不同而有空间上的差异，而谷物流量传感器通常是安装在脱粒、分选、清粮过程后的净粮输出部件上，要反映作物田间对应位置的产量计量数据，需要考虑到收获机的结构尺寸、作业速度等多种因素，通过建立数学模型来做出估计。由于收获时谷粒的含水率不同，收获时还需要同时测量谷粒的含水率，以便在数据处理时换算成标准含水率以便对单产水平进行评估。迄今为止，用于小麦、玉米、水稻、大豆等主要作物的流量传感器已有通用化产品。

国外从 20 世纪 90 年代开始研究谷物联合收割机产量监测系统及配套的谷物流量传感器。从 1991 年至今，已经有 20 余种类型的谷物流量传感器。根据 P. Reyns 等人的分类方法，联合收割机测产系统使用的谷物流量传感器可分为称重式、容积式、冲击式、间接式四种。根据具体结构，称重式谷物流量传感器又可分为谷仓称重式、升运器称重式、搅龙称重式等。谷仓称重式产量检测是通过 2～3 个荷重传感器测量整个谷仓单位时间的重量变化从而测定谷物的瞬时产量，此方法要求整个谷仓与联合收割机不直接接触，安装比较困难，在联合收割机倾斜时会导致一定的测量误差，同时因为要称量整个谷仓的重量，荷重传感器的量程要求比较大，测量精度受到限制。

二、产量检测技术类型

联合收割机产量检测是根据谷物体积流量原理或质量流量原理研发的。它安装在提升机的上部。现在已开发出多种类型并在实际中试验和应用。根据体积流量测量原理，通过密度将体积流量转换为质量流量，获得谷物的质量。体积则是通过落在粮仓谷物堆体积来记录的。带有电磁离合器的斗轮从加宽的斗式提升机顶部进料（Claydon Yield-O-meter，图 5-18，系统 1）。当料斗中有足够的谷物后，斗轮开始转动并将物料输送到谷物螺旋输送器中。检测料斗的频率并提供体积流量。通过量筒和弹簧秤来确定密度进而将其转换为质量流量。

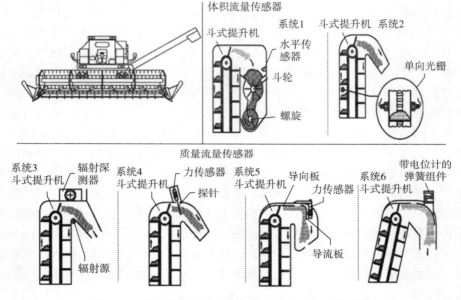

图 5-18　联合收割机的谷物产量和谷物流量测量系统

　　光电检测系统（Claas Quantimeter 和 RDS Ceres）可在谷物提升机两侧设有光栅（图 5-18，系统 2）。检测到提升机斗上的谷物堆遮光量。根据从斗式提升机通过宽度，可以得出斗上的谷物高度和体积。测量零值是根据提升机空载运行时的光强度值获得。可采用一个倾斜传感器对提升斗侧面谷物堆积斜坡进行检测，补偿对提升量的影响。上述测产系统中，可根据收获面积计算单位面积产量，收获面积由割幅和安装在行驶系统上的作业速度传感器检测出的作业速度计算。最后，在联合收获机测产检测后，可通过谷物水分传感器不断获取粮食含水率，将谷物产量折算成标准水分下的产量。

　　为了直接确定谷物流的质量，可使用力传感器检测冲击量或辐射探测器中质量对伽马射线的吸收进行测量。从斗式提升机排出的谷物经过弱放射性源（镅 241，活度为 35 兆贝克）和辐射传感器。这样，辐射被吸收（图 5-

18，系统 3）。吸收程度对应于测量区域中谷物每单位面积的质量，而输送速度则由物料速度获得，从而可以计算质量流量。这种检测方法在食品加工中实际应用。

冲击力流量传感器、伽马射线辐射式流量传感器以及光电式容积流量传感器，已经分别用于约翰迪尔和凯斯、爱科、麦赛福格森等公司的精细农业谷物联合收获机产品上，实际使用中检测误差见表 5-4。冲击式流量检测系统、射线式检测系统实际检测误差分别为 4.06% 和 4.07%，光电检测系统实际检测误差为 3.43%。

表 5-4　联合收获机产量传感系统实际误差

传感系统	年数，面积（公顷），谷物量（箱）	收获机型号数，谷物种类数	相对校准误差/%	相对标准偏差/%
光电测量系统 2	3，140，179	3 种型号，4 种谷物	−0.14	3.43
射线测量系统 3	2，140，132	2 种型号，2 种谷物	−1.01	4.07
冲击式测量系统 5	3，130，182	3 种型号，4 种谷物	−1.83	4.06

北京农业智能装备技术研究中心研发的光电漫反射原理的谷物产量计量系统主要由传感器模块、数据处理模块、GPS 模块和谷物产量计量显示终端组成。当联合收割机籽粒升运器刮板输送谷物经过漫反射型谷物体积传感器时，会间歇性地阻断光路，从而产生脉宽信号，脉宽信号大小与刮板上谷物厚度成正比，同时升运器转速传感器输出转速信号，谷物产量计量数据处理模块将采集到的 2 路传感器信号进行放大、滤波和 A/D 转换后与 GPS 模块采集的联合收割机行进速度、经纬度信息由 RS485 总线传输至光电谷物产量计量软件系统，经光电式谷物产量模型处理后，将产量信息、速度信息、位置信息等实时在终端显示屏上显示，并定时传送到物联网大数据管理中心。试验表明，系统检测结果与实际测量结果决定系数达到 0.848 4，测产误差最大为 3.51%，能满足田间实际测产需要。系统组成和安装见图 5-19。

测产系统安装后，要进行系统标定。标定前应确定提升斗无粮，将不少于50 千克的小麦直接倒入清选筛中，启动小麦联合收获机，测产仪开始统计测产数据，当显示屏幕上无数值变化后停止，第一次标定工作结束。分别查看显示器总产量处显示的数值，对实际升运小麦进行称重。多次重复。计算标定系数：标定系数＝（实际重量/显示重量）×预设标定值，预设标定值一般为 1。将多次取的标定系数平均值，输入测产系统，取代预设标定值，即完成标定。

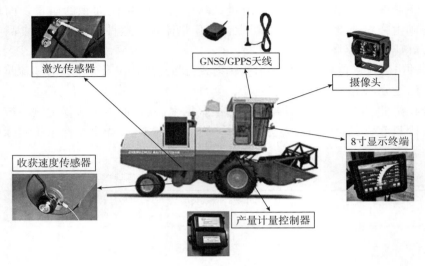

图 5-19　小麦联合收获机测产系统

三、谷物水分检测

谷物水分传感器采用电容传感器作为测量器件，电容传感器是将被测非电量的变化转化为电量变化的一种传感器。它具有结构简单、分辨力高、可非接触测量并能在高温、辐射和强烈震动等恶劣条件下工作的优点。电容传感器的检测原理是将被测谷物放入传感器两极板间的介质空腔，由于谷物含水率不同，从而使电容传感器的相对介电常数发生变化，即引起电容值变化，从而测出谷物的水分含量。由于所测的谷物为颗粒状，其装入容器中会存在许多气隙，因而其介电常数较小，传感器的极板有效面积较大。

收获机上应用的谷粒含水率测量用传感器，均按极板式电容传感器原理设计，由于单位体积谷粒质量随其含水率变化，谷物水分含量直接影响物料的安全储藏和贸易定级，因此储藏、贸易过程中的水分检测十分重要，在谷物收获机中水分快速检测的设计也是十分必要的。国家在谷物收购过程中开始推行收购统一化、标准化，其中就包括谷物水分检测的标准化，公认的谷粒标准含水率为 15.5%，谷物收获时一般含水率较高，容易造成谷物发热、发酵、变质和发芽率下降以及计算产量的较大误差，因而收获时必须进行谷粒含水率测量，以便折算其在标准含水率下的谷粒质量及为后续谷物的烘干提供原始数据。所以，在产量监测系统内包括一个谷粒湿度传感器。湿度传感器采用电容极板式，它安装在净粮升运系统靠近谷粒流量传感器附近，利用高频电流测量电容器两平板间谷粒的介电常数，便可检测谷粒的含水率。当然，在使用前，需要用常规的谷粒湿度仪进行标定。

第六章　小麦干燥与储藏

第一节　小麦干燥技术

　　小麦不管是在种植过程中，还是在收获以后，都会伴随着水分的存在，收获之后的小麦，对于水分更要严格控制。过多的水分在储藏过程中会导致小麦发生霉变。小麦干燥，是利用自然或技术措施将新收获的小麦分离出过剩水分，让粮食达到干燥状态，然后进行储藏。

　　对于刚收获的小麦经常用到的降水方式有两种。一是利用太阳的辐射进行降水。这是我国农民常用的小麦降水方式，即在天气较好的情况下，直接将小麦在太阳光下晾晒，利用太阳光的热量蒸发小麦的水分。这种方式得到的小麦品质较好，但是晾晒时间长，投入的人力大，有时还达不到储藏粮食的湿度标准；这种降水方式还受天气的影响，尤其在雨季时，不能将小麦及时干燥，易出现虫害及霉变，严重影响粮食质量和经济效益。二是人工干燥，人工干燥是利用烘干机、烘干仓等设备进行机械化烘干，这种干燥方式及时且效率高，摆脱了自然条件的制约，烘干过程可以进行人工控制，是现代农业机械化生产过程中不可缺少的部分。

　　我国对小麦干燥的研究起步较晚，但在多年的实践中，取得一些相关技术成果，并且相关干燥工艺已趋成熟。发达国家的干燥技术起步于20世纪40年代，已经形成了较为完善的干燥体系，产品批量生产系列化、标准化和自动化的水平较高。我国研制出一系列适合国情的共性的干燥技术和配套装备，如横流式、顺流式、逆流式、混流式、圆筒内循环式和方形批循环式等干燥技术。但就小麦干燥而言，由于小麦主产区区域较大和品种较多，符合各主产地区域特点的干燥方式、工艺、技术与装备尚需进一步拓展和开发。对于多雨季节高水分小麦快速干燥技术，替代燃煤油新型环保能源小麦干燥技术与配套装备开发，太阳能小麦干燥技术，移动式小麦产地快速干燥技术与装备，小麦集中干燥与贮藏技术等前沿技术，有待针对地域特点和产地生产技术模式进一步改进或深入研究。

一、小麦干燥原理

新收获的小麦籽粒水分含量一般高达 25％～45％，呼吸强度大，放出的热量和水分多，种子易发热霉变；在部分小麦产区，小麦收获时极易遭遇阴雨天气，除小麦籽粒内部水分外，还存在大量的游离水，极易造成小麦发芽，而且高水分含量的种子有利于周围害虫活动和繁殖，因此必须及时对小麦进行干燥处理，将种子的水分含量降到安全包装和安全储藏的范围，以保证种子储藏的稳定性。种子干燥能够防虫蛀、防霉变和防冻害；确保安全包装、安全储藏和安全运输；保持包衣种子的活力。

小麦麦粒由种皮、胚乳、幼芽和生长点等所组成，这些结构都是由大量细胞所组成，在细胞中分布有大量的毛细管（粗毛细管直径 5～10 毫米），水分存在于毛细管中和细胞内，其结合形式有机械结合水、物理化学结合水、化学结合水等 3 种。收获后，麦粒中一般都含有大量的细菌、霉菌和昆虫，温度的升高和水分含量过大会促进这些细菌、霉菌和昆虫的活动和繁殖，而其活动繁殖亦会产生热量和水，这就更加剧了麦粒的霉烂。因此，贮存谷物既要保持它的生命力又要控制它的呼吸强度，控制办法是降低其含水率和维持低温贮藏。

小麦麦粒干燥的过程，简单来说就是水分蒸发的过程。当介质参数使它具有发散条件，即介质水蒸气分压力小于麦粒表面水蒸气压力时，则麦粒中的水分以液态或气态由麦粒里层向外层扩散，并由表面蒸发。

二、小麦干燥方法

干燥方法有：自然干燥、通风干燥、加热干燥、干燥剂干燥等。

自然干燥是利用日光、风等自然条件，或稍加一些人工条件，降低种子含水率，达到或接近种子安全储藏水分。优点：简便易行、节约能源、经济安全，是目前我国普遍采用的种子干燥方法。缺点：易受天气、场地条件的限制，劳动强度大，在南方潮湿地区干燥效果较差。

通风干燥是在遇到阴雨天气或没有热空气干燥机械时，进行通风干燥，暂时防止潮湿种子发热霉变。这种方法较为简单，只要有通风仓加上鼓风机即可工作。

加热干燥则是利用加热空气作为干燥介质的干燥方法。也称热风干燥。

干燥剂干燥是将小麦种子与干燥剂按一定比例封入密闭容器内，利用干燥剂不断吸收种子水分使种子变干的干燥方法。其主要特点是：安全、可控制干燥水平，适用于少量种子的干燥。常用干燥剂：氯化锂、氯化钙、活性氧化铝等。

第二节　小麦烘干技术与装备

随着我国农业现代化发展，小麦全程机械化技术不断推进，小麦机械化干燥技术的应用在国内实现较快推广和应用。大型粮食烘干装备如图 6-1 所示。粮食烘干机能在短时间内产生大量的热风，通过高温处理杀死虫卵，彻底解决粮食贮藏霉变问题。近年来，国家加大对粮食烘干设备购置用户补贴力度，生产和销售大、中、小型粮食烘干设备的厂商越来越多。选配质量高、使用寿命长、经济实用、可靠性好和自动化程度高的烘干机至关重要。

图 6-1　大型连续式粮食烘干装备

小麦烘干机种类繁多，在形式上，可分为塔式和卧式两大类。塔式烘干机按谷物与气流相对运动方向主要可分为横流式、混流式、顺流式、逆流式、顺逆流式。卧式烘干机主要有流化烘干机和圆筒烘干机。每类形式都有各自的优缺点，结合我国小麦烘干的具体使用条件，目前市场多采用顺逆流式烘干机和混流式烘干机对小麦进行烘干作业。

横流式谷物干燥技术是使湿谷依靠重力从仓顶下流到干燥段，热空气经过加热段横向穿过谷层，冷空气经过冷却段横向穿过谷层。该技术已经发展到谷物流换位、差速排粮、热风换向、多级横流干燥的水平。横流式粮食烘干机是我国最先引进的一种机型，多为圆柱型筛孔式或方塔型筛孔式结构，目前国内仍有很多厂家生产。横流式粮食烘干机优点是：制造工艺简单，安装方便，成本低，生产率高。缺点是：谷物干燥均匀性差，单位热耗偏高，一机烘干多种谷物受限，烘后部分粮食品质较难达到要求，内外筛孔需经常清理等。但小型的循环式烘干机可以避免上述的一些不足。

混流式烘干机（图 6-2）在欧洲大多数国家使用较多，如法国、英国、丹麦、意大利等。混流式烘干机适用性广，粮层较薄，耗电能少，气流量可大些，实现低温大风量降水作业。热风均匀，烘后的小麦品质好、含水率很均匀，适合烘干处理量较小、食用品质和工艺品质要求较高的小麦。该技术设备通用性好，采用积木式结构，设计成标准化塔段，塔内交错布置排气和进气角状盒，谷粒按 S 形曲线流动，交替受到高温和低温气流的作用。可以使用较高的热风温度，这种技术已发展到脉动式排粮机构、变温干燥工艺、余热回收、冷却段可变的水平。混流式烘干机多由三角或五角盒交错排列组成塔式结构。国内生产此机型厂家比生产横流式烘干机的多，与横流式烘干机相比它的优点是：热风供给均匀，烘后粮食含水率较均匀；相同条件下所需风机动力小，干燥介质单位消耗量也小；烘干谷物品种广。缺点是：结构复杂，相同生产率条件下制造成本略高；烘干机四个角处的一小部分谷物降水偏慢。

图 6-2　混流式烘干机

顺流式烘干机多为漏斗式进气道与角状盒排气道相结合的塔式结构，它不同于混流式烘干机由一个主风管供给热风，而是由多个热风管供给热风。工作时，烘干室保持热风和谷物流动的方向相同，最热的空气总是与最湿的谷物先接触，从而可以使用很高的热风温度，该技术有向设置二级或三级顺流干燥段，或 1 个逆流冷却段，或在 2 个干燥段之间设缓苏段等几种方向发展的趋势。国内生产此机型的厂家数量少于生产混流式烘干机的厂家，其优点是：使用热风温度高，一般一级高温段温度可达 150～250℃；单位热耗低，能保证烘后粮食品质；三级顺流以上的烘干机具有可实现高含水率粮食快速降低水分的优势，并能获得较高的生产率；连续烘干时一次降水幅度大，一般可达 10％～15％；最适合烘干含水率高的粮食作物和种子。缺点是：结构比较复杂，制造成本接近或略高于混流式烘干机；粮层厚度大，所需高压风机功率大，价格高。

逆流式烘干机使热风与谷物的流动方向相反，最热的空气总是先与最干的谷物接触，谷物温度接近热风温度，热风温度不能过高，谷物和热风运动轨迹平行，所有谷物在流动过程中受到相同的干燥处理。这种技术目前发展到干燥机由一个圆仓和多孔底板组成，湿谷由仓顶喂入，底板上的扫仓螺旋装置除自转外还绕谷仓中心公转，将物料自仓底输送到中心卸出的水平。

顺逆式烘干机是小麦干燥常用的采用连续式干燥方式的一种机型，采用多级干燥—多级缓苏—冷却的干燥工艺，根据降水幅度的大小，确定干燥和缓苏的级数。根据小麦的品种、收获期的早晚、水分含量的高低、干燥后小麦的用途、干燥机的形式等因素确定热风温度。确保干燥过程中小麦的温度不超过小麦蛋白的变性温度，满足国家标准对干燥后小麦理化指标的规定。

顺逆流式烘干机机体由储粮段、顺流烘干段、逆流烘干段、缓苏段、冷却段和排粮机构等组成。储粮段是储粮缓冲段，保证整个烘干机能自动连续作业。小麦在烘干机内依靠自重从上向下流动，同时由 3 台热风机以不同的热风温度向烘干机内送入热风，上部 4 段热风以顺流的形式、下部 2 段热风以逆流的形式分别穿过粮层并带走粮食中的水分，使小麦达到降水的目的。在每一烘干段后设置有足够长的缓苏段，使小麦粮粒内外的温度和湿度梯度达到平衡一致，确保小麦烘后品质。经过 6 段烘干、6 段缓苏后的小麦在烘干机底部进行冷却，冷风机送入的冷风从冷却段中部输入，然后上下分流，避免了高温粮食与低温冷却介质的直接接触，大大缓解了传统的急剧冷却给小麦造成的裂纹破碎。冷却后的小麦由烘干机的排粮机构排出，经过双向输送机、低破碎提升机进入烘后仓暂存或直接入库保管。经烘干机烘干后的小麦出机温度在安全范围内，直接入库不会出现返潮、局部发热的情况，确保粮食品质。顺逆流式烘干机如图 6-3 所示。顺逆流式烘干机的优点是：消耗的热能低，处理量大，性价比高，一次降水幅度最高可达 22%，热风温度高，其高温段热风温度能够达到 150～180℃。特别适合高水分含量、大批量的小麦烘干作业。

在不同产区，小麦收获烘干时的环境温度和空气湿度存在差异，必须考虑烘干效果和生产成本，要因地制宜地选择小麦烘干技术设备。在西南地区，应尽可能避免在低温潮湿的天气里烘干，

图 6-3　顺逆流烘干机

否则脱水效果差、生产率低、烘干成本高。在北方地区，外界温度较低时，应选择所需的单位热耗相对较小、成本较低的烘干技术与装备。

小麦烘干生产线如图 6-4 所示。从进湿粮开始到出干粮，包括了湿粮接收、湿粮清理、湿粮暂存、湿粮输送、湿粮烘干、热源系统、粮食温湿度监测、电气控制、热风炉尾气处理、烘干废气处理、干粮暂存等各个系统和设施。可以根据自己的使用情况和经济实力选择烘干系统的配置。是否配备热风炉尾气和烘干废气处理系统，可根据项目建设区域的环保要求确定。热源选用天然气、蒸汽、沼气时不需要配置热风炉尾气处理系统。

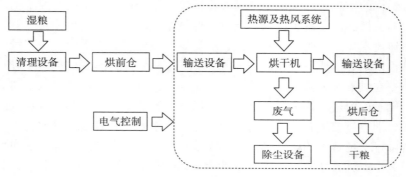

图 6-4 小麦烘干生产线

第三节 小麦不落地收获与储藏

一、小麦不落地收获技术

"及时烘干，安全入仓"是小麦生产全程机械化的一个关键环节，"粮食不落地"，直接从田地里进入粮仓，更加环保，小麦的含水率等指标能够精确控制，有利于长期存放，防止了污染、霉烂，大大提高了粮食品质，也不会破坏小麦养分，种子出芽率也能得到保证。小麦烘干对于国家粮食安全、农业生产效益、农产品质量以及农民增收具有非常重要的意义。小麦烘干机的推广应用也将让粮食机械化生产的链条更加完整。小麦不落地收获即统筹小麦收获、运输、清选、干燥、储藏工艺过程，采用机械化技术，避免马路晾晒和污染，最大限度地降低转运次数，实现粮食清洁收获，完成粮食装车转运作业。散粮运输车是实现不落地收获的关键装备，能快速实现粮食从田间转运到烘干场地。若缺乏适用的散粮运输车辆，将会造成机械化收获效率低、粮食损失大、粮食污染严重等问题。

自动加种散粮运输车（图 6-5）不仅可以实现散粮转运、卸粮作业，同时可以实现向田间播种作业的播种机的种箱加种。该运输车由拖拉机牵引，并通过拖拉机动力输出轴传递动力，液压系统控制卸粮、装粮和加种作业，能同时完成从联合收获机接粮、从地面吸粮和向播种机加种的工作，以完成粮食收获后不落地的运输工作，减少收获步骤，提高工作效率。实现小麦不落地收获，发展散粮运输，用散粮运输代替袋装运输，是我国粮食储运实现现代化、集约化经营的必然趋势。因地制宜，重视小麦收获后运输、处理、烘干等生产环节技术问题，实现小麦专种、专收、专储一体化，是小麦产业发展的重要内容（图6-6）。

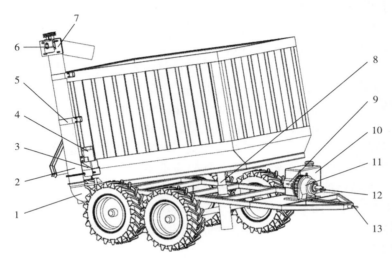

图 6-5　自动加种散粮运输车

1. 弯管　2. 二次搅龙筒　3. 电机架　4. 电机　5. 第二抱箍　6. 液压马达　7. 支座　8. 液压缸
9. 液压泵　10. 液压油箱　11. 减速器　12. 第一联轴器　13. 拖钩

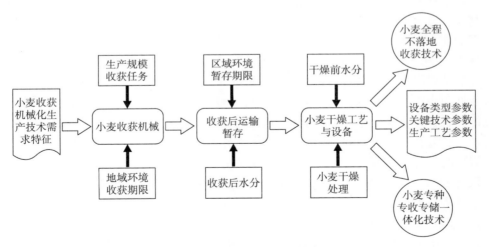

图 6-6　小麦不落地收获技术

二、小麦储藏技术与方法

1. 小麦储藏的意义

小麦是我国北方的主要粮食作物，种植面积大，产量多。特别是改革开放以来，随着农业生产的发展，我国小麦产量大幅度提高，小麦的储备量连年增加，储备任务也连年加重。管好、用好小麦，对保障市场供应，稳定市场物价，促进相关行业的协调发展，合理并充分地利用好资源，安排好人民的生活，满足人民的需求具有重要作用，同时，对发展商品经济，促进加工业的发展，提高商品质量，提高社会经济效益也具有重要意义。小麦储藏的主要任务：一是要尽量保持小麦品种的固有品质；二是要防止不应有的数量损失；三是要节约储藏费用；四是保证储藏期间的用药安全。若粮食储藏不好，其损耗是惊人的。根据联合国粮农组织对 50 个国家的调查，储藏损耗高达 6％～10％，工业发达的美国、日本等国家，储藏损耗也在 5％。因此，小麦的储藏过程，实际上就是生产过程的延续，储藏不好就会造成实际上的粮食减产。实现小麦的增产增收非常重要，而搞好储藏更重要。

2. 小麦储藏的方法

小麦是一种耐储藏的粮种，只要及时干燥降低小麦籽粒水分含量，度过后熟期，做好虫、霉、鼠害的防治工作和隔潮工作，保管得好，可在四五年或更长时间内维持品质良好。

（1）**热入仓密闭储藏** 小麦较耐高温，早在《齐民要术》中就有"窖麦法"关于"必须日曝晾干，及热埋之"的叙述，意思是储藏小麦必须曝晒干燥，趁热入仓密闭。科学研究证明小麦具有较强的抗温度变化能力，在一定的高温或低温范围内都不致丧失生命力，也不致使面粉的品质变坏，特别是耐高温的能力较强。水分含量在 17％以上时处理温度只要不超过 46℃，水分含量在 17％以下时处理温度只要不超过 54℃，酶的活性不会降低。面粉品质反因在后熟阶段经历高温而得到改善。当然过度的高温会引起蛋白质变性。蛋白质变性与小麦的含水率有直接关系。充分干燥的小麦，在温度 70℃下放置 7 天面筋含量无明显变化。小麦水分含量降低，抗热性更强。

热入仓密闭储藏的优点：一是有良好的杀虫效果。当小麦温度在 44～47℃时，可全部消灭害虫。二是促进后熟，提高发芽率。小麦经晒后入仓密闭保持 10 天左右高温，可以缩短后熟期，提高发芽率。但长期保持高温，对小麦种子是不利的。三是由于经暴晒后的小麦水分含量低，后熟充分，工艺品质好，出粉率和面筋含量均有增无减。四是减少农药污染，保障人身安全。小麦热入仓密闭储藏具有诸多优点，因此成为国家粮库和民间储存小麦的主要方法之一，已被普遍采用。

热入仓密闭储藏要求：首先是晒好小麦。选择晴朗干燥的天气，上午10时后开始晒麦，掌握薄摊勤翻，均匀地降低小麦籽粒的含水量，最好晒到50～52℃，保持两个小时，在下午4时聚堆入仓，趁热密闭。密闭的方法有物料密闭和塑料薄膜密闭。其操作方法是：将已选择好的物料如麦糠、沙子、异种粮等事先晒干或喷药消毒，小麦入仓后，整平粮面，先在粮面上铺一层席子，然后用麻袋装好的麦糠压盖20～30厘米厚，麦糠上面再压一层用旧面袋装好的沙子（10厘米左右），各层压盖物料要达到平、紧、密、实。目前应用较广的是塑料薄膜密闭法。可选用0.18～0.2毫米厚的聚氯乙烯或聚乙烯薄膜，要取六面、五面或一面封盖，在封盖之前应安好测温线路，便于测量粮堆各部位温度变化，为防止虫、霉滋生危害可按每5 000千克小麦5克磷化铝片置于粮面，然后封严塑料薄膜。

小麦热入仓密闭贮藏条件：热入仓是一种较好的储藏方法，但必须具备以下条件：一是小麦水分必须降到12％以下。二是高温密闭的时间一般为10～15天，可视粮温而定。如粮温40℃趋于下降为正常，如粮温继续上升，应及早解除封盖物，详细检查粮情。三是对种用小麦的热进仓密闭贮藏要慎重，可在收获后短期内当种子仍处于休眠状态时趁热入仓密闭，而对往年收获的种用小麦不宜采用此法。

（2）低温储藏法　低温贮藏是小麦长期贮存的关键因素，有利于延长种子寿命，更好地保持小麦品质。干燥的小麦种子在−5℃的低温下，有利于生命力的增强，水分不超过18％的小麦，在−15℃的低温下贮存半年，不影响发芽率，因此，利用冬季严寒低温，进行翻仓、通风冷冻、过筛除杂，降低粮温，小量的也可以在寒冷的夜间出仓摊冻，翌晨趁冷入仓密闭，国家粮库可通过机械通风降低粮温，将麦温降至0℃左右，对消灭越冬害虫有较好的效果，并能延缓外界高气温的影响。在小麦收获后的第一、二年内交替进行高温与低温密闭贮存，是最适合农户贮存小麦的一种方法。小麦返潮生虫时，也可进行日晒处理，但不宜趁热入仓密闭，低温密闭可持久采用，只要粮堆无异常变化，麦堆密闭无须撤除。低温密闭的麦堆，要严防温暖气流的侵入，以免粮面结露。

（3）自然缺氧储藏　目前国内外使用最广泛的方法还是自然缺氧贮藏。对于新入库的小麦，由于后熟作用的影响，小麦生理活动旺盛，呼吸强度大，极有利于麦堆自然降氧。实践证明，只要密闭工作做得好，小麦经过20～30天的自然缺氧，氧气浓度可降到1.8％～3.5％，可达到防虫、防霉的目的。如果是隔年陈麦，其后熟作用早已完成，而且进入深休眠状态，呼吸强度很弱，不宜进行自然缺氧，这时可采取微生物辅助降氧或向麦堆中充二氧化碳、氮气等方法，而达到气调的要求。

3. 小麦储藏期间病虫害防治

小麦收获入库时期，正值高温多湿季节，适宜虫、霉、鼠"三害"的大量繁殖，极易侵害小麦。因此，贯彻"以防为主，综合防治"的保粮方针，采取综合防治措施，做好"三害"的防治工作是保管好小麦的重要环节。

(1) 虫害防治 危害小麦的害虫种类很多，常见的有玉米象和麦蛾。玉米象属鞘翅目象虫科，俗称蚰子、牛子、铁嘴等。幼虫蛀食麦粒，造成籽粒破碎，并为后期害虫的繁殖创造条件。麦蛾属鳞翅目麦蛾科，俗称麦蝴蝶、飞蛾等。幼虫在麦粒内蛀食，严重的使麦粒成为空壳。一般一年发生 4～6 代，以幼虫在麦粒内越冬。

防治仓库害虫宜采取综合措施，搞好清洁卫生，不给害虫以适宜的滋生场所；物理机械防治，通过暴晒小麦等方法杀死害虫；或利用习性防治和化学药剂防治等。应充分利用农业、物理和生物等措施，增强小麦抗逆和抗虫能力，降低虫源基数。注意保护和利用自然天敌控制害虫数量，建立健全县、乡（镇）两级虫害测报站，根据田间调查以及常年虫情，结合天气、小麦苗情，综合虫害发生条件，做出虫害发生、流行、危害的准确测报，依据防治指标，掌握小麦虫害敏感时期和小麦害虫发生初盛期，选用高效、低毒、专化性农药科学防治。

(2) 霉害防治 小麦赤霉病别名麦穗枯、烂麦头、红麦头，是小麦的主要病害之一。小麦赤霉病在全世界普遍发生，主要分布于潮湿和半潮湿区域，尤其气候湿润多雨的温带地区受害严重。主要引起苗枯、茎基腐、秆腐和穗腐，其中危害最严重的是穗腐。

防治方法：一是农业防治。秋耕适当加深，消灭稻桩，减少菌源。加强麦田管理，做好清沟排渍工作，排水好的田块，子囊孢子数量少，发症轻。选好种，种子纯度高，抽穗开花整齐，感病的危险期可以缩短。二是药剂防治。用 50％二硝散粉剂 0.5 千克，加水 100 千克，调匀喷雾；每亩喷药液 100 千克，可兼治秆锈病。或喷洒 0.5～0.8 波美度石硫合剂。还可以用灭菌丹和代森锌喷雾。可用多菌灵喷雾。

(3) 鼠害防治 根据农田害鼠繁殖发生危害的规律，结合耕作制度和气候特点等因素综合分析，农田鼠害防治的最佳时期为每年的春季 3 月和秋季 8 月。一般 3 月气温已开始回升，鼠类活动日趋频繁，并开始繁殖，此时灭鼠能减少春季繁殖量，做到"一杀百杀"，对控制全年的害鼠数量将起很大作用，又可保证春播作物全苗、正常生长，减轻播种期鼠害程度；同时 3 月农田的鼠粮少，此时冬后复苏的鼠类大量出巢，饥不择食，容易取食毒饵，灭鼠效果好。秋季 8—9 月秋收作物日渐成熟，害鼠进入秋季繁殖高峰期，害鼠密度上升，此时灭鼠可保证秋收作物顺利成熟收获，颗粒归仓，减少鼠耗，还可起到压低越冬基数，减轻翌年鼠害的作用。在作物受危害敏感期如水稻圆秆拔节期、块根作物开始膨大期以及花生荚果充实期稍前一些时间进行灭鼠，均有较好的防治效果。

三、小麦收获后处理装备

1. 小麦清选设备

随着我国谷物育种试验基地的不断增多，谷物清选设备的市场需求也在不断扩大。谷物清选机械的作用就是将收割后的籽粒和混杂物分离，最终得到清选干净的籽粒。清选系统是小麦联合收获机的重要组成部分，在小麦育种试验基地，种子的清选是一项重要的工作。经过清选的小麦种子与未清选的种子相比，不仅干净度有了提升，储存时间变得更长，而且清选后的种子对后期播种方面的影响也比较大，可提高种子的发芽率。图 6-7 是小麦种子清选常用的风筛式小麦清选机。

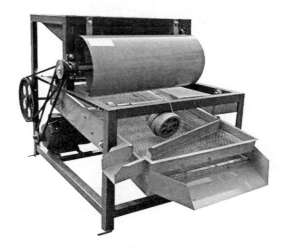

图 6-7　风筛式小麦清选机

小麦清选是小麦生产中的重要环节，其过程是经清选装置将收获后的小麦中混有的断、碎茎秆以及颖壳、灰尘、石子等杂物分离，以得到符合生产需求的清洁籽粒。常见的清选机设备可根据不同需求分为筛选式、风选式、风筛式、窝眼式、比重式，根据设备使用场所可选不同大小类型。筛选机是利用杂质几何尺寸与种子几何尺寸的不同进行分离。风选机是利用脱出物的空气动力特性与种子空气动力特性的不同进行分离。风筛式清选机是筛选机与风选机的结合机器。窝眼式清选机是利用杂质的尺寸和运动轨迹与种子的不同进行分离。比重式清选机是利用杂质比重与种子的不同进行分离。

5XFZ-25 型小麦清选机如图 6-8 所示，具有风选、比重式清选等功能，粮食清理筛为三层筛底，先经过前筛的初次筛分把粮食中的灰尘等清理出去，再经主力风机进行出料前的风选清理，清理后再通过设在最前端的小型抛粮机进行远距离抛射，最终达到清理霉变的粮食及粮食中含有的石子等杂质的目的。可解决清选后粮食输送问题，密闭性能好，全封闭，粉尘不飞扬，筛分效率高、精度高；拆装方便，内外部易清理，无卫生死角；出料口可以调整，与现场衔接方便；特殊设计的多种筛网清理装置，使筛网透网率高，出料快，产量高；耗能低，启动迅速，噪声低，无须地基安装，可放置于任何所需位置。

图 6-8　5XFZ-25 型小麦清选机

欧美发达国家对联合收获机的清选装置的研究较为成熟，研制出多种型号、多种系列的种子清选机械。日本久保田公司与洋马公司生产的半喂入式联合收获机，在清选方式上均采用了风筛二次清选，经田间试验，清选后的谷物含杂量非常少，含杂率均低于 1%，而且经过清选后的谷物籽粒能够直接进行干燥，而且机器上还设置了脱粒深浅的自动调节装置，能够根据不同作业环境调节机器，利于清选。清选机已经向着智能化方向发展。

2. 小麦装卸设备

(1) 吸粮机　软管式吸粮机（或称气力输送机）如图 6-9 所示，是一种新型农业机械，通过气动输送颗粒物料，适用于粮食、塑料等各种小颗粒物料的散装输送作业，利用管道布局可以水平、倾斜、垂直输送物料，具有大小行走轮，操作简单便捷，能够单机独立完成输送任务。吸粮机根据输送方式分为吸送型和只吸不送型两种。吸送型吸粮机通过风力携带物料，经吸料器及吸料管道吸入机器，由分离器实现气料分离，再由管道及卸料器送至仓库、车厢等目的位置。只吸不送型吸粮机将物料吸入机器后，经分离器及关风机，自由下落于关风机出口，直接堆粮、装袋。

图 6-9　软管式吸粮机

　　吸粮机的结构和运行参数主要包括输送风速、输送浓度、输送风量和管径，这些参数对粮食气力输送过程的稳定性有决定性作用，他们之间有着密切的关系，正确地选择和确定这些参数是非常必要的。选择输送风速时，必须选择保证物料在所有输料管段中可靠地输送，以使装置具有最经济的工作性能时所具有的最小输送风速为宜。输送风速过高，动力消耗太大；输送风速过低，管道容易堵塞或掉料。输送浓度是单位时间内物料运送量与输送风量之比。输送浓度的选取与气力输送装置的经济性和所需要的能耗直接相关。在实际工作中，应考虑吸粮机吸阻处的风量来选定风机，再根据输送风速和混合比确定物料管径。

　　吸粮机适用于农场、码头、车站、大型粮库等的装车、卸车、补仓、出仓、翻仓、倒垛，以及粮食加工、饲料加工和啤酒酿造等行业在生产工艺中的散装、散运、散卸的机械化作业。吸粮机根据输送工艺要求可以单台作业、多台组合作业，或与其他设备组成输送系统，以满足不同的作业要求。使用吸粮机进行装车的示意图如图 6-10 所示，优点是具有布局灵活、移动方便、作业面宽、输送量大的特点，能节省大量人力物力成本，效率高，可以输送到指定地点，有风干除尘作用。缺点是在输送物料种类方面具有局限性，由于管道气压较大，不适用于薄脆易碎物料。

图 6-10　吸粮机装车示意

（2）**装袋机** 我国是一个农业大国，农业生产配套的机械设备也在不断更新进步，其中装袋机（图 6-11）对生产发展起着有力的促进作用。立式冲压装袋机与搅拌机、输送带、储备机相配套，实现了装袋流水线的工厂化生产，不但提高了生产效率，而且大大降低了劳动强度，提高了装袋质量。

图 6-11　装袋机

（3）**皮带输送机** 皮带输送机（图 6-12）又称胶带输送机，广泛应用于电子、电器、机械、烟草、注塑、邮电、印刷、食品等各行各业，用于物件的组装、检测、调试、包装及运输等。皮带输送机是组成有节奏的流水作业线所不可缺少的经济型物流输送设备。皮带机按其输送能力可分为重型皮带机（如矿用皮带输送机）和轻型皮带机（如用在电子塑料、食品轻工、化工医药等行业）。皮带输送机输送能力强，输送距离远，结构简单，易于维护，能方便地实行程序化控制和自动化操作。

图 6-12　皮带输送机

第七章　小麦秸秆利用技术

第一节　小麦秸秆资源与利用

农作物秸秆是生物质能资源的主要来源之一。中国是一个农业大国，具有丰富的秸秆资源，2014 年我国农作物秸秆理论产量为 9 亿吨，其中小麦秸秆占秸秆年总产量的 20％左右。长期以来，秸秆是我国农村居民主要生活原料、大牲畜饲料和有机肥料，少部分作为工业原料和食用菌基料。当前，我国农业正处在由传统生产方式向现代生产方式转变的关键时期。随着农村劳动力的转移、能源消费结构的改善和各类替代原料的应用，加上秸秆综合利用成本高、经济性差、产业化程度低等原因，曾出现地区性、季节性、结构性的秸秆过剩。影响秸秆综合应用能力提高的主要因素是没有建立有效的市场机制和储运体系，秸秆商品化水平低，秸秆产业发展滞后，缺乏经济实用的配套技术设备。小麦秸秆曾是我国广大农村生活和农业生产的主要原料，近年来，随着我国经济的迅速发展、粮食产量的提高和农村能源结构的调整，由于秸秆机械化处理与利用的技术、装备提升和政府部门政策措施的引导，秸秆资源利用率不断提升。

一、小麦秸秆资源分布

小麦秸秆资源分布情况可以根据草谷比估算和采用实地调研测算的方法获取，随着种植面积和小麦产量而发生变化。我国农作物秸秆主要集中分布在东北、华北和长江中下游地区，总体呈现"东高西低、北高南低"的趋势。据统计，我国农作物秸秆可收集资源量为 8.27 亿吨，其中小麦秸秆 1.47 亿吨。从行政区域上看，小麦秸秆主要分布在以山东、河南为中心的华北地区，占全国小麦秸秆资源总量的 59.3％。总体上看，小麦秸秆资源分布以华北地区向南北出现短线扩散，向西部沿河西走廊向新疆延伸。

二、小麦秸秆利用方式

小麦秸秆利用方式主要以秸秆还田、秸秆养牛养驴、秸秆制人造板、秸秆制手工艺品、秸秆造纸等为主，小麦秸秆利用途径存在区域性差异。在河南省入户调查统计显示，小麦秸秆直接还田的占 66.9％，饲料化利用的占 8.1％，作为工业原料的 7％，能源化利用的占 5％，直接丢弃的占 2％。可以看出，小麦秸秆直接还田占比加大，在饲料化利用及作为工业原料等方面还有很大的空间。小麦秸秆田间收获利用与还田技术方案见图 7-1。

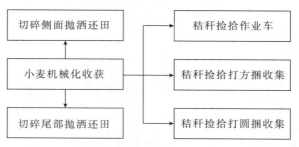

图 7-1　小麦秸秆田间收获利用与还田技术方案

1. 小麦秸秆还田

农作物秸秆含有丰富的氮、磷、钾和其他多种营养元素，是促进农作物生长的有机肥料，利用农作物秸秆生产的有机肥占有机肥总量的 12％～19％。小麦秸秆粉碎还田腐烂以后，可以有效提高土壤中有机质的含量并减少土壤中氮的流失，还可以改善土壤中微生物对碳、氮的固持和供给效果，提高土壤微生物活性，有利于提高下茬作物产量。

2. 小麦秸秆用于饲料

农作物秸秆富含氮、磷、钾、微量元素和粗纤维，并含有少量蛋白质和油脂。据测算，1 吨普通秸秆的营养价值与 0.25 吨粮食大致相当。秸秆饲料化利用为畜牧业带来了广阔的发展空间。秸秆加工饲料技术主要是利用物理处理法、化学处理法和微生物处理法等对秸秆进行加工处理。

小麦秸秆饲料化利用途径见图 7-2。将小麦秸秆直接饲喂牲畜是较为传统的利用方式，具有简单易行、省钱、省力的优点，但不利于牲畜的消化和吸收，投入产出比较低，专业养殖者采用直接饲喂方式的较少。目前，主要对秸秆进行晾晒、切碎处理，或者将青绿秸秆采取烘干、氨化和青贮等方法进行处理，然后用于动物养殖。

3. 小麦秸秆用于工业原料

小麦秸秆作为生物质能源，与太阳能、风能、潮汐能等一样属于可再生能源，可作为石油、煤炭等常规化石能源的替代品。小麦秸秆可以通过固化成型、碳化、气化或液化等新能源利用技术转化为农村日常生活中的能源。此外，小麦秸秆可作为生物质发电、造纸、建筑等行业的主要原料，也可用于加

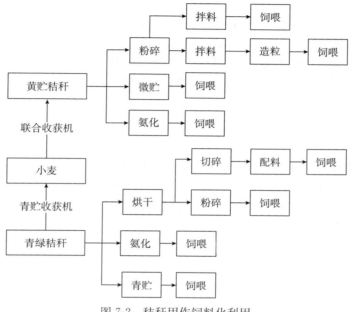

图 7-2 秸秆用作饲料化利用

工成包装材料、一次性餐具等生活必需品，有时也被加工成秸秆砖和秸秆人造板。

第二节 小麦秸秆生物力学特性

开展小麦秸秆生物力学特性研究，对促进小麦秸秆综合利用的发展、推动小麦联合收获技术创新具有重要意义。目前国内外对于小麦秸秆力学特性的研究，主要集中在对小麦茎秆的拉伸、弯曲、剪切和压缩等力学性能参数的研究。

在小麦茎秆力学特性研究方面，郭翠花、高志强和苗果园等人采用微机控制电子万能材料测试机，对不同倒伏程度的小麦基部第 2 茎节进行了弯折力、惯性矩、弹性模量、抗弯刚度和弯曲强度等生物力学指标的测定，发现基部第 2 茎节形态结构、株高、节间距与力学指标弯折力、惯性矩、弹性模量、抗弯刚度、弯曲强度都呈负相关关系。研究筛选出弯曲强度与弹性模量，可作为抗倒育种或株型育种以及高产群体架构设计的参考指标。郭维俊等人对成熟期的小麦茎秆进行了拉伸、剪切、压缩、弯曲条件下的力学性能试验，进一步揭示了茎秆在外力作用下的变形规律和破坏规律。

在小麦穗头力学特性方面，戴飞等人对小麦穗头相关力学性能进行了理论分析，借助电子万能试验机对不同含水率的小麦穗头进行拉伸（垂直、倾斜）试验与压缩试验；测得了不同含水率下，小麦穗头的拉伸、压缩试验曲线和小麦穗头相应拉伸、压缩力学特性参数值。付宏、孙雪娇等人利用电子试验机对不同品种小麦穗部的小穗籽粒与穗主轴之间的拉伸刚度系数、拉断力、压缩刚度系数以及压断力进行了测试研究，考察了品种、位置以及含水率对小麦穗部力学特性的影响。

一、弹性/剪切模量的测定

弹性模量也称为杨氏模量，反映了物体抵抗弹性形变的能力，其值等于物体某一方向所受应力与其应变的比值。通常采用电子拉力试验机进行试验。小麦茎秆的弹性/剪切模量通过三点弯曲试验的方法测量，麦穗则通过压缩/拉伸试验的方法测量。

小麦茎秆截面可以近似为圆环形，其惯性矩 I 计算公式如下：

$$I = \frac{\pi}{64} \left[d^4 - (d - 2w)^4 \right]$$

式中，I 为秸秆截面相对中性轴的惯性矩（毫米^4），d 为茎秆外径（毫米），w 为茎秆壁厚（毫米）。

小麦秸秆弹性模量 E_w 计算公式如下：

$$E_w = \frac{FL^3}{48SI}$$

式中，E_w 为弹性模量（牛/毫米^2），F 为加载力（牛），L 为两支座之间的距离（毫米），S 为茎秆中点的弯曲挠度（毫米）。

剪切模量 G_w 和弹性模量 E_w 的关系式如下：

$$G_w = \frac{E_w}{2(1 + v_w)}$$

式中，G_w 为剪切模量（牛/毫米^2），v_w 为泊松比。

二、碰撞恢复系数

碰撞恢复系数 e_N 是两物体在碰撞后质心法向分速度 $v_M{}'$（米/秒）与碰撞之前质心法向分速度 v_N^0（米/秒）的比值，是衡量物体变形后恢复能力的参数。设定物体发生自由落体过程的高度、物体接触45°碰撞板后下落的高度均为 h（米）；物体碰撞后产生的水平分量为 L（米），其测试原理如图7-3所示，将秸秆从落料盒无约束释放做自由落体运动，经历时间 t_1（秒）后到达碰撞板，自由落体结束。物体到达碰撞板之前的垂直速度为 v（米/秒），物体碰撞后的速度为 v'（米/秒）。

根据自由落体运动公式可得：

$$v = \sqrt{2gh}$$

$$h = \frac{gt^2}{2}$$

$$t_1 = \sqrt{\frac{2h}{g}}$$

根据速度时间公式可得：

$$v_N' = \frac{L}{t_1} = \frac{L}{\sqrt{\dfrac{2h}{g}}}$$

小麦在碰撞前后在 N-N 法线方向上的分速度分别为：

$$v_N^0 = v\sin45°$$

$$v_N' = v'\sin45°$$

因此碰撞恢复系数：

$$e_N = \frac{v_N'}{v_N^0} = \frac{L}{2h}$$

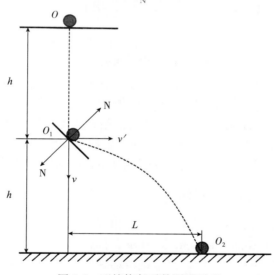

图 7-3　碰撞恢复系数测试原理

三、静/滚动摩擦系数

当两接触面具有相对运动趋势时，接触面间产生的摩擦力称为静摩擦力，静摩擦系数是物体所受的最大静摩擦力与法向压力的比值。可通过定制斜面滑道试验台架进行测量（图 7-4）。测量时，首先将被测样品以三角形排列黏结在升降板上，然后将钢板平放于被测样品上方，缓慢提升升降板，通过高速摄影机记录下钢板开始滑动时的图像，即可测得物料的静/滚动摩擦系数。

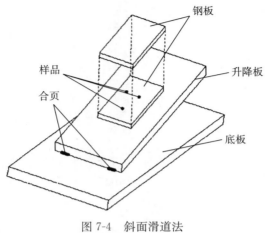

图 7-4　斜面滑道法

第三节　小麦秸秆建模与仿真

在小麦秸秆收获、打捆、压缩成型等生产环节，均需考虑小麦秸秆弯曲特性、剪切特性等生物力学特性对机械性能的影响。基于小麦秸秆各向异性、非均质、非线性的特点，通过构建小麦秸秆有限元或离散元结构模型，为小麦秸秆收获、打捆等生产环节优化机械机构提供理论依据。由于小麦秸秆品种多样、形态各异，通过力学性能试验研究所获得的秸秆力学特性结果有差异，具有复杂性和随机性，成为阻碍其研究和利用的"瓶颈"。因此，对小麦秸秆进行多品种、多形态、多节间全面试验，获得同种秸秆的力学特性具有一定的意义。

一、小麦秸秆建模方法

秸秆建模比较常见的方法有离散元法和有限元法。

离散元法（Distinct Element Method，DEM）将研究对象看作具有一定形状和质量的离散颗粒集合体，每个颗粒都满足运动方程和接触本构方程，在颗粒间和颗粒与边界间插入力学模型，将研究对象的变形演化为由颗粒运动来描述其物理机械性质，颗粒的运动特性满足牛顿第二定律，通过跟踪计算每个颗粒的运动，不断更新各颗粒单元的速度信息和位置信息，从而得到整个研究对象的宏观运动规律。离散元法为准确预测和分析现有连续介质理论无法解释和分析的物质力学行为提供了基本理论和研究方法，同时为建立分析微观物理机理的本构模型提供可能。

有限元法（Finite Element Method，FEM）假想规则单元组合体来代替结构物体，通过每一个单元内假设近似函数在每个单元节点的数值或差值来分片地表达求解域上的未知场函数，通过变分原理把问题化成线性代数方程组来求解每个单元格，从而实现对结构体的分析。作为一种有效的数值方法，有限元法适用于几何形状和边界条件、材料和几何非线性问题的求解，目前已扩展到与固体、液态和场的运算和模拟分析相关的多个学科。有限元模拟方法使研究人员从繁重的试验中解脱出来，简化了设计和研发周期，提高研究工作效率。

小麦秸秆建模是目前研究的热点问题，通过建模分析有助于优化机械结构参数。国外学者在 DEMeter＋＋模拟环境下基于离散元法建立了分段式可弯曲柔性秸秆模型，如图 7-5 所示，并模拟了谷物与长茎秆组成的混合物振动分离过程。国内有关专家对小麦茎秆在清选装置中的运动进行分析，建立了EDEM 小麦空心短茎秆模型，如图 7-6 所示。通过自行研发的软件 AgriCAE对小麦在脱粒机中的运动进行研究，并运用颗粒聚合体的方法建立了成熟期小麦植株的模型。在不考虑破碎的前提下，对半喂入式小区收获机脱粒装置进行研究，建立小麦空心短茎秆模型，研究籽粒和茎秆的混合物在脱粒机中的运动过程。

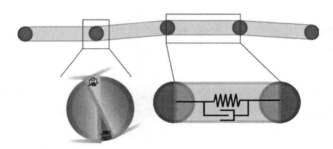

图 7-5　分段式可弯曲柔性秸秆模型

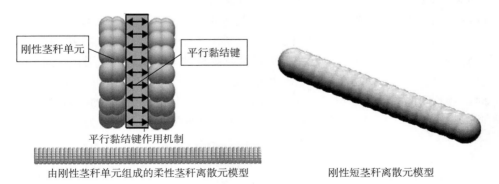

图 7-6　小麦短茎秆模型

二、小麦秸秆建模过程

首先，建立研究对象的颗粒单元。作为组成研究对象模型的主要元素，颗粒单元在模拟过程中通常假设为柔性体或刚性体。其中，假设颗粒单元为刚性体，接触为点接触，模拟单元运动沿着相互接触面发生，如沙粒、谷粒和离散的矿砂颗粒等，原因在于上述材料的变形形式为颗粒间的相对滑动和转动以及接触位置的张力，而不是每个颗粒单元的自身变形。如果假设颗粒单元为柔性体，接触则为面接触，并且在接触处允许有一定的"重合"尺寸，连接强度也比较复杂，如黏土、沥青、陶瓷和岩体等，原因在于材料的变形破坏形式与物体自身变形前产生的内剪力、内拉力和内力矩密切相关，模拟体颗粒单元的材料、接触属性尽可能与实体材料接近，才能使模拟结果与真实物体相一致。

颗粒单元的基本几何特征主要由形状、尺寸以及初始排列方式等不同的球颗粒元或不规则的块体元构成。通常不规则的块体可以由若干个球体采用簇（Cluster）的方式结合而成，排列方式类似于空间晶格点阵的规则排列和随机排列，例如长条形、块体或任意形状；并且单元形状、大小和材料性质也不同。同时，EDEM 提供了较为完善的应用程序编程接口（application program interface，API），采用 Visual Studio C++语言编写自定义的小麦秸秆颗粒工厂插件，用来配置小麦秸秆颗粒球的数量、尺寸、位置和颗粒初始运动信息。

其次，确定颗粒间的力学模型。颗粒间的力学模型用一些力学变形元件（如弹簧、粘壶、阻尼器和摩擦元件等）来表示，这些元件可以反映颗粒间的变形位移关系，并且通过随意组合可以表征复杂多样的材料本构关系。模拟过程颗粒的相对位移是产生相互作用力（拉力、压力和切向力）的主要原因。小麦秸秆长径比较大，在实际工程应用中受力或力矩的作用下常发生变形，为提高离散元模拟精度，在多球面填充法构建刚性茎秆模型的基础上，基于 Hertz-Mindlin with bonding 接触模型构建小麦柔性茎秆模型。Hertz-Mindlin with bonding 接触模型能够通过平行黏结键将各刚性颗粒单元黏结起来，黏结力 F_N，F_T 和力矩 T_N，T_T 随时间步长的增加，按照式（7-1）从零开始增加，当到达指定黏结时间后，颗粒单元通过平行黏结键黏结在一起，当颗粒间最大法向应力 σ_{max} 和最大切向应力 τ_{max} 超过预定义的临界法向应力和临界切向应力时，颗粒间的黏结键断裂，法向和切向的应力最大值计算公式为式（7-2），因此建立的柔性茎秆模型能够模拟拉伸、弯曲、扭转等多种力学行为。

$$\begin{cases} \Delta F_N = -v_N S_N A\,\Delta t \\ \Delta F_T = -v_T S_T A\,\Delta t \\ \Delta T_N = -w_N S_N J\,\Delta t \\ \Delta T_T = -w_T S_T J\,\Delta t \end{cases} \tag{7-1}$$

$$J = \frac{1}{2}\pi R_B^4$$

$$\begin{cases} \sigma_{\max} < \dfrac{-F_N}{A} + \dfrac{2T_T}{J}R_B \\ \tau_{\max} < \dfrac{-F_T}{A} + \dfrac{2T_N}{J}R_B \end{cases} \tag{7-2}$$

式中，F_N 为法向黏结力（牛），F''_T 为切向黏结力（牛），T_N 为法向黏结力矩（牛/米），T_T 为切向黏结力矩（牛/米），v_N 为颗粒法向速度（米/秒），v_T 为颗粒切向速度（米/秒），w_N 为法向角速度（米/秒^2），w_T 为切向角速度（米/秒^2），S_N 为法向刚度（牛/米），S_T 为切向刚度（牛/米）；A 为接触区域面积（米^2），J 为平行黏结键的惯性矩（米^4），R_B 为黏结半径（米），$\sigma_{\max}$ 为颗粒间最大法向应力（帕），$\tau_{\max}$ 为颗粒间最大切向应力（帕）。

最后，模型加载，通过追踪计算颗粒群的位移来求解运动。离散元模型的加载形式主要有速度加载法、位移加载法和载荷加载法。其中，比较常用的是速度加载法和位移加载方法。通过对颗粒区域的每个颗粒设定某一速度和位移，运行之后，该颗粒区域与其连接的另一区域颗粒存在相对位移，产生作用力。直接加载载荷，设定墙体与颗粒群接触，给墙体加载某一方向的载荷，墙体发生运动后与颗粒相互作用产生力。在构建基于离散元法的小麦模型时，首先进行 EDEM 全局变量和颗粒工厂的设置，包括颗粒的接触模型、材料参数和接触参数；然后设置求解器参数，例如：求解器中仿真的时间步长，仿真时间等参数，EDEM 求解器仿真完成获取小麦秸秆离散元模型，如图 7-7 所示。

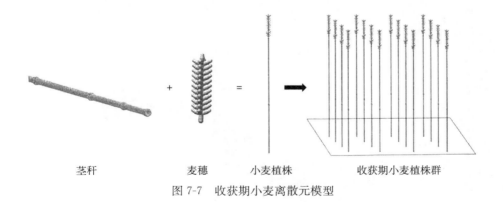

茎秆　　　　　　麦穗　　　　小麦植株　　　收获期小麦植株群

图 7-7　收获期小麦离散元模型

三、小麦秸秆离散元仿真应用

与横轴流相比，单纵轴流小麦联合收获机具有脱净率高、适用性强等优点，这一技术机型得到广泛应用。联合收获机在作业过程中，由于各环节作业参数不匹配，谷物湿度较大、喂入量不均匀，以及国产收获机技术水平较落后等原因，物料输送性能受到影响，作业中堵塞问题不断显现，因此，为解决小麦机械化收获中物料运动离散元仿真缺乏准确模型的问题和连续输送运动过程研究的难题，通过 EDEM 软件建立收获期小麦植株离散元模型，采用 EDEM-Recurdyn 耦合仿真方法，分析小麦从螺旋输送器喂入，经过倾斜输送器，直至到达脱粒滚筒中的运动情况，找出影响输送性能的主要因素及关键部位，并分析各个因素对输送性能产生的影响，为解决单纵轴流联合收获机输送系统的堵塞问题提供理论参考。

联合收获机物料输送系统包括螺旋输送器、倾斜输送器和脱粒滚筒螺旋喂入头，其作用是将小麦从螺旋输送器喂入开始，经倾斜输送器和脱粒滚筒螺旋喂入头，连续均匀地输送到脱粒分离装置。先将小麦生成到传送带上，穗头朝内，以 7.5 千克/秒的喂入量传送至螺旋输送器，在螺旋叶片和伸缩拨指共同作用下将小麦输送至倾斜输送器，在倾斜输送器链耙的压送作用下，连续均匀地输送到脱粒装置，小麦植株输送情况如图 7-8 所示；最后通过脱粒滚筒螺旋喂入头的作用将小麦疏导引流到脱粒分离装置，脱粒滚筒螺旋喂入头中的输送情况如图 7-9 所示。

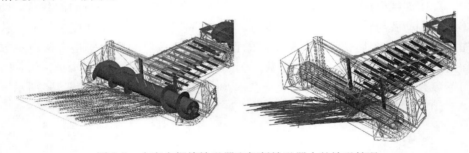

图 7-8　小麦在螺旋输送器和倾斜输送器中的输送情况

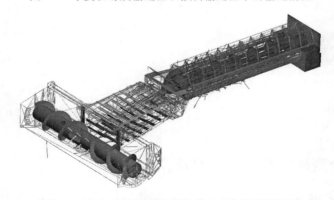

图 7-9　小麦在脱粒滚筒螺旋喂入头中的输送情况

小麦的输送速度和单位时间输送小麦的质量是影响物料输送的重要因素，结合 EDEM 后处理功能，采用小麦轴向速度衡量物料输送速度，轴向即沿着脱粒滚筒旋转中心轴向后输送的方向，在螺旋输送器、倾斜输送器和脱粒滚筒分别建立局部物料质量流率传感器，监测单位时间内输送的小麦质量，如图 7-10 所示。假设螺旋输送器内输送小麦的质量流率为 Q_1，倾斜输送器内输送小麦的质量流率为 Q_2，脱粒滚筒内输送小麦的质量流率为 Q_3，若 $Q_1 < Q_2 < Q_3$，则物料在整个输送系统中输送通畅；若 $Q_1 > Q_2$，螺旋输送器单位时间输送的小麦质量比倾斜输送器多，则倾斜输送器部位易堵塞；若 $Q_2 > Q_3$，倾斜输送器单位时间输送的小麦质量比脱粒滚筒多，则脱粒滚筒部位易堵塞，前 2.5 秒是小麦生成到传送带的时间。

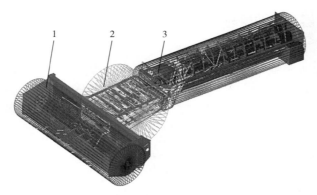

图 7-10　局部物料质量流率监测器
1. 螺旋输送器质量流率传感器　2. 倾斜输送器质量流率传感器
3. 脱粒滚筒质量流率传感器

小麦轴向速度变化曲线如图 7-11 所示，在 Ⅰ 时间段，小麦经螺旋输送器输送到倾斜输送器；在 Ⅱ 时间段，小麦在倾斜输送器连续输送，轴向速度逐渐

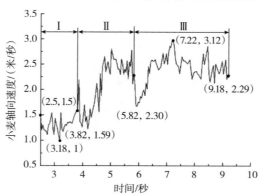

图 7-11　输送过程中小麦轴向速度变化曲线

升高，在Ⅲ时间段，小麦到达脱粒滚筒。由于倾斜输送器出口与脱粒滚筒喂入口处有一段过渡距离，小麦由倾斜输送器输送到脱粒滚筒时速度呈降低的趋势，因此，倾斜输送器出口至脱粒滚筒螺旋喂入头部分是解决输送系统堵塞的关键部位。通过 EDEM 后处理功能，分析单纵轴流小麦联合收获机喂入搅龙、倾斜输送器和脱粒滚筒内的平均物料质量流率，其中小麦在喂入搅龙内的平均物料质量流率 Q_1 为 1.82 千克/秒，在倾斜输送器内的平均物料质量流率 Q_2 为 2.06 千克/秒，在脱粒滚筒内的平均物料质量流率 Q_3 为 2.10 千克/秒，$Q_1 < Q_2 < Q_3$，整个输送过程较为通畅，未发生秸秆拥堵情况。

第四节　小麦秸秆收获机械化技术

一、双层割台收获技术

割台是小麦联合收获机的关键部件之一，也决定了割茬高度以及小麦秸秆捡拾收获的作业方式。双层割台借鉴国内外比较成熟的稻麦联合收获技术，对割台进行了重新设计与优化。双层割台分为上层部分和下层部分，上层割刀只收获麦穗，下层割刀收割小麦茎秆，实现麦穗和茎秆分流，有利于减轻脱粒元件的脱粒压力，减轻联合收获机整机质量，降低了能耗并延长了机具使用寿命，同时也便于小麦秸秆利用。

在小麦自走式联合收获机中，麦秸切割装置用于把麦穗以下麦茬以上的麦秸切割后撒于田间地面上，使麦秸不再进入收获机，减轻各部件的负荷，减少相应的机械磨损，降低能耗，延长设备使用寿命，提高设备收割速度，提高收割效率。散撒到地面上的麦秸可起到保湿和除草的作用，切割后的麦茬较矮，易于下季播种。但是现有的二次切割装置结构不稳定，容易损坏，不易调整切割器两端平衡。双层收获割台主要由上层割台和下层割台组成，上层部分主要由割台机架、往复式切割器、偏心拨禾轮、喂入搅龙（横向螺旋输送器）和传动部分组成；下层部分主要由割台和往复式切割器、液压升降机构、传动机构等组成。图 7-12 为一种新型双层割台，下层切割器包括定刀和动刀，定刀安装在定刀固定架上，动刀安装在动刀固定架上，动刀固定架通过摆臂前端连接摆动箱输出轴，摆动箱输入轴通过传动装置连接收获机动力轴，定刀固定架底部安装托板，托板前部固结拉杆，拉杆前端固定在割台上，定刀固定架后部分布有支撑臂，支撑臂后端分别设置支撑轴，支撑轴均安装在安装板之间，安装板安装在固定架上，相邻支撑臂之间设置连接臂，连接臂的两端分别连接相邻支撑臂的前端和后端，两端的支撑臂之间通过平衡装置连接。该装置结构紧凑合理，设置的连接臂可使结构稳定、工作可靠；设置的平衡装置可使切割器两端同起同落，提高切割效果和使用寿命；托板的设置可避免切割器的损坏。

　　小麦收获时，受到作业速度、作物生长密度等因素的影响，喂入量不断变化，过大则会造成单纵轴流联合收获机堵塞，降低作业效率。双层割刀割台仿形机构使下层割刀随地形变化上下浮动，有效保护了割刀。此外下层割刀离地间隙小，对田间地块平整度要求为上下起伏不超过 10 厘米，且在小麦株高 80 厘米以上无倒伏的大面积地块作业效率较高。使用双层割台收获小麦，对机手操作有更高的要求，特别是要在发生下层割刀堵塞和吃土现象时对机器及时进行调整和修复。

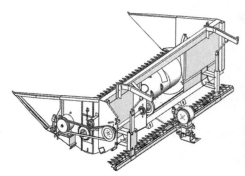

图 7-12　小麦收获机双层收获割台

二、秸秆捡拾打捆机械化技术

　　秸秆捡拾打捆机械正朝着高密度、高效率方向发展，自动化程度较高。与国外发达国家相比，我国打捆机械在功能、作业效率和可靠性方面还存在不足，但在电子监控、液压系统和报警系统上有了较大改善。作业时，应根据小麦秸秆湿度、草捆尺寸与重量、成捆密度、捆绳或缠网等作业技术要求选配机具进行操作，确保成捆率和作业质量。

1. 秸秆打捆机类型与工作原理

　　根据草捆形状，可将打捆机分为方草捆打捆机和圆草捆打捆机。方草捆打捆机草捆密度一般为 150～250 千克/米^3，具有搬运方便、便于装卸的优点，对各种长短尺寸的小麦秸秆适应性强。圆草捆打捆机打捆效率高，结构简单，使用调整方便，草捆可长期露天存放，适于规模化作业。

　　方草捆打捆机结构如图 7-13 所示，主要由捡拾器、输送喂入装置、压缩室、草捆密度调节装置、草捆长度控制装置、打捆机构、曲柄连杆机构、传动机构和牵引装置等组成。工作时，小麦收割后，田间铺放的条状秸秆由打捆机捡拾器捡拾起来，通过输送喂入装置输送到喂入室，喂入叉将秸秆喂入压缩室，曲柄连杆机构往复运动将秸秆压实，收集到一定体积后，打捆针穿针布绳，在打结器作用下打结捆扎，完成后通过活塞推动平放卸草，完成一个程序后再循环工作。

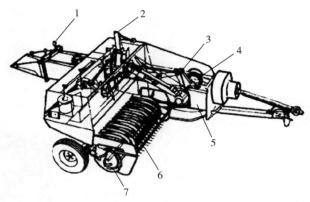

图 7-13　方草捆打捆机结构

1. 密度调节装置　2. 输送喂入装置　3. 曲柄连杆机构
4. 传动机构　5. 压缩室　6. 捡拾器　7. 捡拾器控制机构

圆草捆打捆机由液压控制机构、机械转动机构、捡拾卷捆机构、捆绳机构、传动机构和牵引装置等组成。工作时，拖拉机后动力轴输出动力带动捡拾器旋转，通过弹齿转动捡拾秸秆，秸秆进入由多个滚筒形成的卷捆室，在滚筒摩擦力的作用下，秸秆随滚筒旋转，并逐渐挤压形成草捆，当草捆达到一定密度后，捆绳机构或缠网机构进行捆扎或缠网，完成后进行卸捆，一个作业程序后开始下一个工作循环。

2. 秸秆捡拾圆捆收集

圆草捆打捆机按草捆形成过程分为内卷绕式和外卷绕式两种。按成捆机构工作部件结构可分为皮带式、辊子式和带齿输送带式。内卷绕式圆草捆打捆机草捆密度较高，长期存放不易变形，但机器结构复杂，对小麦秸秆含水率要求较低；外卷绕式圆草捆打捆机草捆中心疏松，外层紧密，透气性好，易于保存，但草捆较易变形。圆草捆打捆机（图 7-14），主要由弹齿式捡拾器、卷压室、传动机构、打捆送绳系统、卸捆后门、支撑轮等部分组成。技术先进的圆捆捡拾打捆机可实现不停机卸捆。

甩刀式圆草捆打捆机采用甩刀式捡拾结构，具有灭茬功能，它通过操作行车电液控制系统，自动完成粉碎捡拾、输送喂入、压缩成捆、捆网捆扎、自动放捆等作业工序，形成密度均匀的圆形草捆。机器配备行车电液控制系统、BD/GPS 定位系统，操作简便，提高作业效率。旋切捡拾机构采用甩刀式粉碎捡拾，切碎物料，提高密度，便于堆垛和制作青贮饲料，节约装运成本并利于

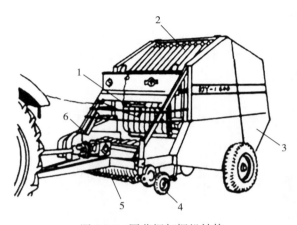

图 7-14　圆草捆打捆机结构

1. 打捆机构　2. 卷压室　3. 卸捆后门 4. 支撑轮　5. 捡拾器　6. 传动机构

后续秸秆综合利用。压草滚筒可将捡拾过程中翻腾的草料向下覆压，增加喂入效率，减少堵草。具有甩刀灭茬功能的圆草捆打捆机如图 7-15 所示，两种常用型号打捆机的技术参数见表 7-1。

图 7-15　具有甩刀灭茬功能的圆草捆打捆机

表 7-1　圆草捆捡拾打捆机技术参数

产品型号	捡拾宽度/毫米	捡拾器结构	外形尺寸（长×宽×高）/（毫米×毫米×毫米）	配套动力/千瓦	草捆尺寸（长度×直径）/（毫米×毫米）
9YQ-2.3A	2 300	甩刀式	3 480×2 700×1 960	29.5～103	1 250×1 250
9YQ-1.8A	1 800	甩刀式	2 380×2 200×1 800	29.5～103	900×600

3. 秸秆捡拾方捆收集

秸秆捡拾方捆收集可分为小麦收获同时打捆和小麦收获秸秆抛撒后捡拾收

集两种途径。小麦收获同时打捆这种方式，在国内小麦秸秆资源利用于市场化条件较好的地区，利用于市场较成熟的小麦联合收获机机型中，国内企业通过改进后加装侧悬挂方草捆打捆装置可实现秸秆快速离田（图7-16），但会一定程度影响小麦收获作业效率。

图 7-16　小麦联合收获机配套方草捆打捆机

　　方草捆捡拾打捆机种类很多，目前，小麦秸秆收集多采用牵引式方草捆打捆机，作业效率高，但草捆密度较低。工作时，从拖拉机动力输出轴将动力传递到打捆机，机器沿成垄铺放的秸秆条带前进，由捡拾器弹齿将割茬上的小麦秸秆捡拾起来并连续输送到输送喂入器内，输送喂入器把秸秆喂入压捆室，被往复运动的活塞挤压成型，当成型的草捆达到预定长度时，捆绳机构开始工作捆好绳的草捆被后面陆续成型的草捆不断推向压捆室出口，经方捆板落到地面上或者经抛送机构输送到草捆收集车中。常用的9YF系列方草捆打捆机型见图7-17，其主要技术参数见表7-2。

表 7-2　9YF 系列方草捆打捆机技术参数

项　目	9YF-1.7 型	9YF-2.0 型	9YF-2.2 型
外形尺寸（长×宽×高）/（毫米×毫米×毫米）	4 600×2 340×1 730	4 600×2 630×1 750	4 600×2 860×1 750
总重/千克	1 600	1 650	1 680
捡拾宽度/毫米	1 710	2 000	2 230
配套拖拉机功率/千瓦	33.10	33.10	36.78
拖拉机连接方式	三点悬挂		
牵引形式	中置式		
动力输出转速/（转/分）	540		

（续）

项　目	9YF-1.7型	9YF-2.0型	9YF-2.2型
打结器类型	RS 6 003加强D型		
打结器数量	2		
横截面（宽×高）/（毫米×毫米）	440×360		
草捆长度/毫米	500～1 350		
草捆密度	弹簧加载可调		
工作效率/（亩/时）	10～20		

图7-17　9YF系列方草捆打捆机

三、秸秆快速离田收获技术

为缓解秸秆还田量过大造成的播种困难、出苗率低以及滋生病虫草害等系列问题，应在较短时间内将秸秆收集离田，这是推动农作物秸秆资源化利用的重要举措。小麦秸秆快速离田配套装备主要有秸秆捡拾散装收集、秸秆捡拾方捆收集和圆捆收集几种，可以将小麦联合收获机配备的秸秆切碎装置和还田装置进行调整，将秸秆成垄向后方或侧后方抛撒，或采用搂草机将秸秆聚拢收集。

1. 秸秆捡拾收集车

秸秆捡拾收集车见图7-18。主要包括拖拉机、牵引装置、捡拾推料装置和秸秆自卸运输拖车。捡拾推料装置包括推送装载器、捡拾器和传动机构，推送装载器与捡拾器上下设置，传动机构的输入端与推送装载器上的推料主轴连接，传动机构的输出端与捡拾器上的捡拾器主轴连接，推送装载器的输入端与牵引装置的输出端连接，牵引装置装在拖拉机牵引座上，推送装载器上的推料固定板与秸秆自卸运输拖车上的厢体固定连接。小麦秸秆抛撒在田间后，采用指盘式搂草机将秸秆聚拢成条，使用秸秆捡拾收集车快速收集，收集后直接使用固定式草捆密度可达 350 千克/米³ 以上的大型打包机将秸秆压成方捆离田，秸秆含水率一般为 30%，秸秆捡拾收集车性能参数见表 7-3。秸秆捡拾收获作业效率高，离田快，成本低，适用于产业化收集。

图 7-18　秸秆捡拾收集车

表 7-3　秸秆捡拾收集车技术参数

型号	整车尺寸（长×宽×高）/（毫米×毫米×毫米）	箱体内尺寸（长×宽×高）/（毫米×毫米×毫米）	自重/千克	载重/千克	配套动力/千瓦	容量/米³
HWK9JC-30	9 000×2 300×3 400	6 300×2 200×2 300	3 500	4 000	≥88.26	30
HWK9JC-40	10 200×2 500×3 400	7 800×2 400×2 300	3 800	5 000	≥95.62	40

2. 秸秆草捆收集与运输机械

（1）方草捆捡拾运输　方草捆捡拾运输通常采用草捆运输车与捡拾装载机配套使用的作业方式，适用于作业面积小、经营规模小的区域。方草捆捡拾装载机主要由牵引架、压捆板、传动机构和平台组成，工作时挂接在草捆运输车的侧面，能以 12 千米/时的速度进行作业，作业中草捆通过牵引架喇叭口引向升运链，由升运链上的凸爪钩住草捆向上输送到平台上，升运链前有弹簧调节的压捆板，使草捆压靠在升运链的凸爪上，站在平台上的工人将草捆堆垛在运输车内。目前，国外使用此种类型的机具较多。方草捆捡拾运输常用的方法有两种。一种方法是使用直接连接在打捆机后面的草捆滑槽或草捆抛掷器，把从打捆机出来的草捆输送或抛掷到运输车内，待车装满后运回贮存地点，这种方法也称草捆联合收获法。另一种方法是用牵引式捡拾抛掷叉或自动捡拾装卸运输车将打捆机打捆后放置在田间的草捆进行捡拾、输送并装入运输车厢内，如图 7-19 所示，然后再运输到堆放场所，这种方法也称为草捆分段收获法。

图 7-19　方草捆捡拾运输

（2）**圆草捆捡拾运输**　由于圆草捆体积和质量都很大，圆草捆捡拾运输也通常采用草捆运输车与捡拾装载机配套使用的作业方式。加拿大 MORRIS 公司生产的 Hay Hiker881 和我国生产的 9KY-4A 型均属于此种机型，主要由车架、传动机构、液压机构和捡拾器等部分组成，与圆草捆打捆机配套使用，结构简单，使用调整方便，车架由纵横梁焊接而成，前端有叉型牵引架。架上安装有驱动链条用的液压马达和提升捡拾器的油缸。为防止草捆滚出车体，车架上左右两侧安装了护栏。捡拾器是提升草捆并把草捆装入车体的主要工作部件，配置在车体的一侧，其特点是车体工作中不易出现偏摆，拖拉机直接向前移动，用铲型捡拾器把草捆装入车体内。传动机构包括液压马达和链传动，链条上安装有带动草捆向后移动的拨齿。工作时，拖拉机驾驶员操纵液压换向阀，通过油缸使捡拾器下落并与地面平行。拖拉机缓慢向前移动，使捡拾器铲沿草捆底部母线的方向平稳地插入草捆底部，当草捆完全进入捡拾器后提升捡拾器，使草捆倾斜滚落在车体内。这时，液压马达工作，驱动车体内的输送链条向后移动一个草捆的距离，然后再把捡拾器放到地面，捡拾并装载第二个草捆。如此循环，待装满草捆后提升捡拾器呈垂直位置，把草捆运输到指定地点。圆草捆捡拾运输车结构如图 7-20 所示。卸草捆时，接通液压马达，再次驱动输送链条向后移动，同时使车体后端着地慢慢将拖拉机向前移动，把草捆卸在地面上。

图 7-20　圆草捆捡拾运输车

其他小麦秸秆装卸转运机械包括抓捆装卸机械、转运车辆等（图 7-21）。

图 7-21　小麦秸秆装卸转运机械

第八章 小麦生产农机社会化服务案例

农业机械化是实现农业现代化的重要技术基础和重要标志，对保障国家粮食安全至关重要。农机社会化服务能够促进农业生产规模化、标准化和机械化的快速发展。小麦主产区农机服务率处在全国前列，但是仍存在服务不均衡、管理体系不健全、维修难以满足需求等问题。发展农机社会化服务，通过政策倾斜、先进示范、政企联动共促服务等措施完善农机社会化服务体系，对提高农作物耕、种、收综合机械化作业率，完善农机社会化服务水平，实现小麦生产现代化具有积极的现实意义。

发展农机社会化服务，提高农机社会化服务水平的主要工作应包括：①积极培育农机作业服务组织，规范农机作业服务市场，推动农机作业服务由单一作业环节向全程机械化拓展，提高农机作业效益。②完善农机维修服务体系，加强机耕道路、机具库棚等基础设施建设，建设农机维修服务网点。③加强先进农机技术装备的研发、推广应用和培训，通过示范试点、示范区、示范社建设，推广先进的作业技术和农机装备。提高农机手的安全意识和操作水平。④发展农业适度规模经营，鼓励农作物集中连片种植，积极探索联耕联种、土地托管等专业化规模化服务经营模式，降低农业生产成本。近年来在农业机械社会化服务实践中涌现出许多农机社会化服务的典型案例，结合生产实际选择三个小麦生产农机社会化服务典型案例进行介绍。

案例1 发挥农机企业技术优势，
创新农机作业服务模式

河南农有王农业装备科技股份有限公司始创于1988年，是豫南大型农机装备制造企业之一，专业从事农机具研发、生产、销售。近年来，河南农有王农业装备科技股份有限公司（以下简称农有王公司）积极开展农业机械化作业服务活动，在促进农机新技术产品销售，提高区域农业机械化生产水平上成效显著，取得了良好的经济效益和社会效益，受到有关领导和客户的好评。2019

年 7 月 3 日中央 2 套经济半小时以《闯出农村就业新天地》为题专门介绍了农机社会化服务情况。

一、农机社会化服务成效

农有王公司自成立以来，始终秉承守信、务实、创新发展理念，产品涉及耕整、种植、收获及收获后处理四大类 70 多种农机具，在河南、安徽、湖北、湖南、河北、山东、山西等十多个省份，拥有专卖店 300 多家，赢得了社会信誉。为了更好地扩大销售、服务农民、推广技术，2013 年农有王公司在当地牵头注册了遂平县智远农机专业合作社，不断探索全程机械化作业服务，经过近几年的努力，形成了一套好的管理模式和社会化服务理念，深受农民认可、社会好评。现已拥有 150 马力以上大型拖拉机 1 000 余台、植保无人机 300 余架、自走式花生捡拾摘果机 500 余台、履带式麦稻收获机 200 余台等，根据设备性能组建成立了耕整、种植、植保、收获等四大专业作业服务队，已发展成为设备性能先进、机械种类齐全、作业能力强大、作业质量专业的大型社会化服务组织，专门从事小麦、玉米、花生、大豆等机械化作业服务，解决了谁来种地的问题。依托农有王公司及合作企业生产的先进机械设备，大力推广复式作业及高产播种模式，为农作物增产增收保驾护航，解决了种好地的问题。

2019 年在驻马店地区累计小麦收获作业服务面积 20 多万亩，小麦、水稻跨区作业面积累计 60 多万亩，涉及江西、湖南、湖北、河南等地。2019 年花生收获作业面积 60 多万亩，作业服务范围涉及湖北随州，河南南阳、驻马店等地区。其他作业服务包括玉米、小麦播种，植保无人机病虫害防治，深松，灭茬，旋耕整地机械作业。社会化服务单项作业面积都在 5 万亩以上。农有王公司以农机社会化服务促进技术推广和产品销售，创新农机社会化服务发展方式，受到当地农民的欢迎。

二、组织形式与经营管理

1. 整合资源要素，扩大服务能力

农有王公司积极开展农机社会化服务，不但满足了农业生产对社会化服务的需求，解决了普通农户和种田大户的种田难题，而且提高了农有王公司农机销售市场份额，加快了农机新技术的推广应用，也拓宽了农业机械销售渠道。合作社与加入合作社的机手签订协议，有计划、有针对性地对他们进行作业岗前培训、新技术培训、新产品推介，内容包括外出作业安全注意事项、机械操作要点、常见故障排除方法等，不断提高作业队员的综合素质、专业能力。队员的作业成绩、作业收入纳入绩效考核台账。根据机械设备的类型，每 20 人（车）编为一个作业服务队，配备 1 名作业队长。作业队长负责联系作业信息、

签订作业合同、分配作业任务、收取作业服务订金和服务费尾款，以及处理外出作业期间的有关纠纷。每个作业服务队配备一台作业服务车，随时为机手提供维修服务，保证作业队快速高效生产作业。

这一组织方式有效地提高了作业效率和作业收入，刺激机手的购机愿望，以服务促销售，实现了服务和销售双丰收，机手和企业双赢。近年来农机合作社作业服务能力快速提升，已经实现一些整村镇推进的大面积订单农机作业服务。

2. 创新购机模式，实现合作共赢

智远农机专业合作社与农有王公司联手对合作机手实行农机分期购机付款模式。农有王公司从 2018 年开始对加入合作社作业服务队机手在购置大型动力机械、收获机械时采用"购机首付款＋作业服务费＋国家农机购置补贴"的方式。首付款为机械全款减去国家购置补贴后的 50%，其余部分在机手作业服务收入中扣除。这一灵活的购机方式解决了合作社农机手全款购车资金困难的问题，降低了大型农机装备的投资风险。推荐农机销售网点和合作社的机手去购买农机，此时产生的销售利润归该机手所在的销售网点所有。2018 年农有王公司共实现农机销售收入 7 800 万元，合作社农机作业服务利润 220 万元；合作社新增农机装备 400 多台套。为当地机械化作业生产提供了可靠保障。

3. 发挥自身优势，开拓服务市场

合作社农机作业队发挥大兵团作战优势，实行订单作业，合理定位作业价格，快速完成作业任务，实现单项作业整村整镇推进。作业价格定位低于当地市场价格，通过价格优势实现连片作业，极大提升了队员的作业效率，增加作业面积和机手收入。在小麦收获上基本实现了订单作业，合作社根据区域作业特点和收获作业需求，推广适用的履带式麦稻联合收获机。200 台联合收获机在当地实现 20 多万亩小麦订单收获作业。订单作业价格 40 元/亩，低于 50～60 元/亩的市场作业价格。不但增加了机手收入，而且快速完成了作业任务，为农户提前完成秋作物播种赢得了宝贵时间。

发挥先进机械技术优势。依托农有王公司生产的先进播种机械，改变传统播种方式，积极推广高产种植模式，实现农机农艺有机融合，保证作物高产稳产。近年来推广的小麦宽幅播种技术、花生垄上播种技术、玉米免耕精密播种技术、洁区播种技术等，在地块、种子、肥料相同，不增加任何投入的情况下，实现增产增收。

推广先进全程机械化作业工艺模式，通过全程机械化作业服务，让农户或种田大户从繁重的体力劳动中解放出来，实现轻松种地。让土地效益最大化，实行先作业后收费，解决农户对作业质量的顾虑和种田大户的资金问题。

三、案例分析与经验启示

农有王公司在企业发展中，突破农机企业发展困境，做好顶层设计，探索农机社会化服务模式，开展全程机械化作业服务，不仅增强了企业活力，而且为农机社会化服务以及当地农机化生产的发展提供技术支撑。经过三年来的努力探索和摸索实践，走出了农机社会化服务的新路，为当地小麦、花生生产提供了有力的生产保障。

农业机械化作业不仅需要新装备、新技术，更加需要一支技术过硬，训练有素的专业作业机手和作业服务组织。发挥企业优势建立专业作业队伍，搞好技术培训，在内部管理上互相制约、生产上环环相扣，这是农机化作业的特点也是社会化服务良性发展的保障。

农机社会化服务实践中实行农资服务企业对接、开展农资配送、对接金融机构为缺乏资金的种田大户提供贷款支持、推广先进播种模式、延期支付作业费、农产品顶抵作业费、全程技术服务等措施，有效解决了农户和种田大户生产中的实际困难，为作业队赢得了稳固的服务对象。

案例2　建立农机维修服务体系，保证小麦收获机械作业

一、公司基本情况

保定市鑫天泰农业机械销售有限公司成立于 2010 年 11 月 25 日，其前身为保定地区农机公司。公司本着"用户是衣食父母，厂商是和睦夫妻"的经营理念，长期以来以服务促进销售，得到当地机手"鑫天泰，服务快！"的好评。保定市鑫天泰农业机械销售有限公司（以下简称鑫天泰公司）是中国农机流通学会会员单位。具有农业机械二级维修资质。鑫天泰公司近年来开展小麦、玉米等收获机械、拖拉机等整机销售，是玉柴、潍柴发动机，及其他多种型号收获机、拖拉机发动机、变速箱的特约维修站。公司建有中联重机农机 4S 店。现有整机销售人员 5 名，农机销售配件管理人员 4 名，农机售后服务人员 15 名。售后服务人员中 5 人具有高级农机维修证书，4 人具有中级农机维修证书，都有多年维修技术经验，也有机动车驾驶证。公司配有维修服务车 10 辆，每个维修技师在麦收及秋收抢修时，都能独立完成维修任务。鑫天泰公司还在当地开展农机培训、农机驾驶人考试、农业作业质检等服务业务。熟悉各类联合收获机、拖拉机配件通用性。

二、坚持农机维修，服务农业生产

鑫天泰公司担负着保定市 3.5 万台小麦收获机维修服务任务。其中本地小

麦收获机 2.2 万台，跨区过境作业小麦收获机 1.3 万台。维修服务半径多达 150 千米，涉及清苑、高阳、徐水、安新、唐县、易县、涞水、曲阳、涿州、定兴、望都等。为保定地区 415 万亩的小麦机械化收获提供技术保障。

2019 年鑫天泰公司为各种类型小麦收获机提供维修服务，其中谷王 TB80 4LZ-8B1 28 台次，4LZ-5B1 4 台次，TB60/70 含跨区车辆 185 台次；金大丰 4LZ-8 1 台次；福田谷神金旋风、麦克、GE40/50/60/70GO 等约 101 台次。麦收期间累计抢修救援收获机约 319 台次。

农机配件科学管理是农机维修时效性的重要保障，维修不能等配件。在农机配件销售供应环节，从 2012 年开始公司就建立了配件管理系统，凭借多年的专业库存管理经验始终保持配件的最佳存量。每一个配件都有二维码。配件的出入库都做到快速完成，库存配件齐全、质量可靠，库存管理科学有序，每个配件都有可追溯性。公司常年保持配件库存量 280 多万元。其中通用配件 85 万元，能够满足维修服务的和对外零售需要。

三、增强服务意识，提高服务质量

公司在麦收农忙季节实行 24 小时昼夜服务。接到报修电话后以公司为中心方圆 150 千米范围内 3 小时内到达抢修现场，把维修服务真正做到田间地头。在麦收作业季节，为不耽误机手作业，公司免费提供备用收获机，免费提供备用发动机，变速箱总成。24 小时维修不上的，可让机手先开回备用机去作业，以减少维修造成的损失。

考虑农忙季节，机手休息时间有限，公司专门给来维修的用户提供带空调的休息室、洗漱室，工作餐，机手在维修的同时体力得到充分恢复。在小麦收获作业季节，公司为跨区作业机具提供装卸车服务。

鑫天泰公司建有 800 米^2 的钢结构全封闭式维修车间，配有发动机电控检测仪器，变速箱磨合试验台，液压铆接机，油门校修试验台等多种专业维修设备。同时容纳多达 10 台拖拉机、联合收获机等大型农机维修作业工位。维修质量管理上，有 5 个修理班组，根据不同车型和故障派专业班组组织维修，维修流程为：故障车进场登记—车辆检查—电脑派工—故障排除—检验—结算—出厂—后期回访。对每台维修农机建立维修档案，借助公司 ERP（企业资源计划）管理系统建立台账。做到有账可查，保障维修质量。

农机维修工作实践中，大部分机械故障并不是因为质量问题造成的，而是由机手操作不当造成的。因此我们从源头抓起，加强技术培训，提高机手技术素质，是保障机器正常使用，减少农机故障的重要举措。公司结合机器维修保养工作，不定期开展农机技术培训。

在小麦收获机械维修服务上，开展季节维修保养服务，与机手签订维保服务合同。对农机具（小麦收）进行前期保修及保养，发现问题及时解决，确保农忙期间收获机尽可能少出故障，同时作业期间优先提供上门服务，使协议用户在麦收期间更快更好完成抢收任务，也使站内维修力量发挥到极致，以促进农机维修效益与社会车辆农忙修理双挂钩，最终真正意义上解决三夏期间农机手的后顾之忧。

保定清苑的李师傅购买福田发家小麦收获机，前期签订快修协议，麦收前机具进店维修保养、全车维护，农忙期间，由于前期收割时小麦含水率高，造成机具堵塞，导致搅龙轴承破损，维修人员一个小时内到达现场，及时换件，机具从故障车到再次田间作业，间隔不足两小时，真正体现出快修的及时性和重要性，使机手顺利地完成了今年的夏收任务，尝到了参加快修快保的甜头。

保定曲阳有一个村子，这里的村民家家户户都有收获机，他们全年征战南北跨区收割小麦。王建柱师傅 2016 年购买了一台谷王 TB60 小麦收获机，匹配的是玉柴发动机。他在从湖北作业时出现了发动机不好启动的问题，直至转战内蒙古作业回来后都没有得到解决。玉柴发动机厂把他的问题反馈给鑫天泰公司。经过公司专业维修人员的排查与维修最终将问题解决。从此带动整个村里的机手来鑫天泰公司购机，快修快保。

四、案例分析与经验启示

农机维修社会化服务体系建设，是农业机械化生产的重要组成部分。是农业机械化效率，农机作业效益的重要保障。农机维修系统包括农机厂商"三包"服务、社会区域农机维修网点等。农机维修服务存在季节性强、地域分布广的特点，业务管理和企业发展都存在一定的难度。在小麦收获生产中，机械作业期限短，收获任务集中，农机维修服务作用凸显。鑫天泰公司以服务质量，拓展维修业务市场；以农机配件供应优势，开展农机快修服务；以技术培训，提高机手技术素质。在当地建立了一套很好的农机维修服务系统。

保定市鑫天泰农业机械销售有限公司多年来长期坚持农机维修社会化服务，为当地农业机械化生产提供了可靠保障。公司以维修服务质量为本，促进公司业务发展，获得了良好口碑。

案例3　开展无人机植保防控，提供"五事"社会化服务

一、基本情况和背景

河南省安阳全丰航空植保科技股份有限公司（以下简称全丰公司）是一家集农用无人机研发、生产、销售、飞手培训、推广应用、飞防服务于一体的科

技企业，是国家级高新技术企业、河南省农业产业化龙头企业。主要生产具有自主知识产权的自由鹰 DP、自由鹰 ZP 等多款农用无人机并开展航空植保社会化服务，拥有农用无人机国家专利 50 余项，是国家航空植保科技创新联盟理事长和中国农技推广协会统防统治分会会长单位，建有农业农村部航空植保重点实验室。

鉴于许多病虫害跨区域迁飞和流行特点，病虫害防治一直是小农户经营的重大难题，常常是漏治一点、危害一片。全丰公司发挥自身优势，大力开展航空植保，为全国小农户及农业经营主体提供全方位、标准化的飞防服务，促进了小农户与现代农业的有机衔接。全丰公司全资注册成立的河南标普农业科技有限公司，组织了 6 000 多架植保无人机，为农民提供植保服务，服务面积 5 000 多万亩，2018 年全年植保无人机调度 2 510 多架次，飞防作业 2 100 多万亩次，仅用 8 天时间完成安阳市 200 余万亩优质小麦统防统治。小麦病虫害航空植保作业服务深受农民欢迎。2018 年服务销售收入达到 1.04 亿元。

二、建立信息化服务平台，促进植保社会化服务

1. 智能云服务平台建设

以无人机云服务基础，推进航空植保服务智能化。以"云享未来"为目标，建立和完善了智能云服务平台。针对飞防作业位置、飞行机体和喷施器械状态、土壤养分含量、病虫害发生程度、喷洒农药方案和作业面积等信息，通过远程信息传输系统，随时调整药液含量和具体操作路径，实现了千里之外在线监测和精准作业调度。目前，平台注册用户已达 10 万个，作业用户（飞手）2 万余个。

2. 网格化无人机植保体系

在无人机植保服务中科学布局服务范围，不断推进航空植保服务网格化。针对全国农业主产区，采取"标普云平台＋县级服务中心＋乡镇村服务站＋终端农户"模式，逐步形成全国航空植保专业化服务网格。县、乡镇、村服务站以当地农民合作社或农资经销公司为依托，通过网上或线下接单，根据病虫害发生情况、农户（经营主体）防治需要和面积，由公司植保专家制定具体作业方案，使用高功效植保无人机和飞防专用药剂，对作物进行快速防治。乡镇村服务站每亩收取 15～30 元（以小麦为例）费用。目前，公司已经在全国 17 个优势农业省（区）成立了 170 余个县级服务中心、3 000 余家乡镇、村服务站。通常情况下，重点县级服务中心投放 200 架植保无人机，重点乡镇服务站投放 20 架植保无人机，辐射作业半径 10 千米，每个站日作业能力近万亩，比传统人工防治效率提高 12.5 倍，可实现收入 10 余万元，为当地政府构建起从容应对爆发式、突发性病虫害的强大防控体系。

3. 标准化无人机植保作业

公司坚持推进航空植保服务标准化。公司接到服务订单后，作业前派出植保专家实地勘察病虫害发生情况，制订飞防作业计划，明确飞防作业标准与药剂使用标准。调动标普县级服务中心和乡镇、村服务站按照标准精准作业。药剂监督部门对照标准严格监督，保证药效。飞机作业中出现问题时，售后保障部负责及时维修，全天 24 小时保证有人值守。2018 年为全国 210 余万农户提供了标准化航空植保社会化服务，其中仅安阳市就达 20 余万户。

在无人机植保作业实践中不断推进航空植保服务规范化。人、机、剂、技、法"五事"，是全丰航空经过 7 年的不断摸索，总结、提炼出的飞防落地五个核心关键点，很好地解决了"飞防不盈利"的行业难题。人，就是公司启动"自由鹰百万飞手培训计划"，培训专业飞手，提高服务农户能力。机，即研发油动、电动等多款植保无人机，满足航空植保多元化服务需要。剂，即研发飞防植保专用药剂，提高防治效果。目前已筛选 5 大类 31 种飞防专用药剂产品，可覆盖绝大多数农作物常见病虫害用药。技，即制订严格的飞防标准，已为 10 余种作物分别制订了标准化作业方案。法，即云服务平台智能化调度。"人＋机＋剂＋技＋法"的完美融合，促使全丰航空植保专业化服务品牌逐步形成。

三、案例分析与经验启示

安阳全丰航空植保科技股份有限公司适应现代农业发展趋势，立足植保无人机的研发、生产和推广，牢固树立绿色发展理念，探索创新了航空植保农业社会化服务新模式，智能化服务给农业腾飞插上科技的翅膀，人、机、剂、技、法"五事"服务让千千万万分散经营的农户受益匪浅，走出了一条无人机飞防服务商业化运作的新路子，让小农户享受到了社会化大服务，促进了小农户与现代农业有机衔接，为确保国家粮食安全和农业可持续发展发挥了积极作用，取得了良好的经济、社会和生态效益。

全丰公司经过多年的实践探索，逐步形成以智能云服务平台为载体，以标普农业服务组织为纽带的航空植保新模式，为农户提供线上线下一站式专业化统防统治飞防服务，解决了农村劳动力短缺和小农户无法享受社会化飞防服务难题，提升了农业植保规模化和现代化水平。

参考文献
REFERENCES

曹芳芳，黄东，朱俊峰，等，2018. 小麦收获损失及其主要影响因素——基于 1135 户小麦种植户的实证分析 ［J］. 中国农村观察 （2）：75-87.

常建国，刘兴博，叶彤，等，2011. 农业小区田间育种试验机械的现状及发展 ［J］. 农机化研究，33 （2）：238-241.

陈庆文，韩增德，崔俊伟，等，2015. 自走式谷物联合收割机发展现状及趋势分析 ［J］. 中国农业科技导报，17 （1）：109-114.

丁正耀，朱德泉，陶程云，等，2012. 高水分小麦干燥特性及其数学模型的研究 ［J］. 农机化研究，34 （9）：55-60.

冯春，李世海，刘晓宇，2016. 基于颗粒离散元法的连接键应变软化模型及其应用 ［J］. 力学学报，48 （1）：76-85.

付君，2016. 小麦机械脱粒降损增效机理及其关键部件仿生研究 ［D］. 长春：吉林大学.

高利伟，许世卫，李哲敏，等，2016. 中国主要粮食作物产后损失特征及减损潜力研究 ［J］. 农业工程学报，32 （23）：1-11.

耿端阳，印祥，金诚谦，等，2017. 一种谷物收获机作业速度自适应控制装置及方法：CN107306584A ［P］. 11-03.

谷勇志，2018. 联合收割机堵塞故障发生的原因及排除方法 ［J］. 农民致富之友 （9）：161.

郭翠花，高志强，苗果园，2010. 不同产量水平下小麦倒伏与茎秆力学特性的关系 ［J］. 农业工程学报，26 （3）：151-155.

何进玉，2019. 小麦联合收割机的合理化作业方式 ［J］. 农机使用与维修 （1）：76.

洪添胜，陈元，1996. 国外谷物收获技术的进展 ［J］. 广东农机 （3）：18-23.

黄健熙，牛文豪，马鸿元，等，2016. 基于时间序列 HJ-1 A/B 卫星数据的冬小麦成熟期预测 ［J］. 农业机械学报，47 （11）：278-284.

黄立新，2011. 减少小麦联合收获作业损失的办法 ［J］. 农业装备技术，37 （04）：33.

贾毕清，2018. 纵轴流联合收割机切流脱粒分离装置的研究 ［J］. 农业科技与装备 （1）：21-22，25.

姜晓晶，2018. 如何提高机械收获的作业效率 ［J］. 农机使用与维修 （6）：80.

金小亮，2014. 联合收割机滚筒堵塞故障监测系统研究 ［D］. 合肥：安徽农业大学.

李安宁，2007. 我国粮食作物收获机械化发展研究 ［D］. 北京：中国农业大学.

李广，张立元，宋朝阳，2019，等. 小麦倒伏信息无人机多时相遥感提取方法 ［J］. 农业机械学报，50 （4）：211-220.

李洪昌，李耀明，徐立章，2008. 联合收割机脱粒分离装置的应用现状及发展研究 [J].
农机化研究 (1)：223-225，228.

李明環，徐践，张娜，2018. 2 种谷物质量流量传感器的适用性研究 [J]. 现代农业科技
(6)：162-163，167.

李其昀，2016. 稻麦收获机构造与使用维护. 北京：中国农业出版社.

李耀明，唐忠，徐立章，等，2011. 切纵流联合收获机自适应防堵塞控制系统及控制方法：
CN102273359A [P]. 12-14.

李毅念，易应武，杜世伟，等，2017. 小区谷物联合收获机气吹式割台设计与试验 [J].
农业机械学报，48 (6)：79-87.

李志婷，王昌昆，潘贤章，等，2016. 基于模拟 Landsat-8 OLI 数据的小麦秸秆覆盖度估算
[J]. 农业工程学报，32 (S1)：145-152.

梁学修，2013. 联合收割机自动监测系统研究 [D]. 北京：中国农业机械化科学研究院.

梁振伟，李耀明，赵湛，等，2015. 纵轴流联合收获机籽粒清选损失监测数学模型研究
[J]. 农业机械学报，46 (1)：106-111.

刘凡一，张舰，李博，等，2016. 基于堆积试验的小麦离散元参数分析及标定 [J]. 农业
工程学报，32 (12)：247-253.

刘昊，许天瑶，2016. 我国智能化农业机械发展概况 [J]. 农业工程，6 (6)：7-8.

刘磊，2014. 小麦植株建模方法研究和脱粒过程仿真软件研制 [D]. 长春：吉林大学.

刘立意，汪雨晴，赵德岩，等，2020. 农户用机械通风钢网式小麦干燥储藏仓的气流场分
析 [J]. 农业工程学报，36 (2)：312-319.

刘美辰，田勇鹏，王璐，等，2019. 收获作业时小麦倒伏检测方法 [J]. 农机化研究，41
(2)：40-44，54.

卢文涛，张莉杰，张东兴，等，2014. 联合收获机监控系统研究现状 [J]. 农机化研究，
36 (9)：256-259，264.

蒙继华，吴炳方，2013. 基于卫星遥感预测作物成熟期的可行性分析 [J]. 遥感技术与应
用，28 (2)：165-173.

蒙继华，吴炳方，杜鑫，等，2011. 基于 HJ-1A/1B 数据的冬小麦成熟期遥感预测 [J].
农业工程学报，27 (3)：225-230.

孟凡虎，姜萌，耿端阳，等，2019. 纵轴流式小麦收获机滚筒设计与试验 [J]. 农机化研
究，41 (1)：90-94.

瑞雪，2010. 国外谷物联合收割机的发展趋势 [J]. 当代农机 (7)：22.

史文化，2017. 三夏麦收生产"粮损"问题的研究及对策 [J]. 农技服务，34 (2)：6-7.

唐怀壮，陈秀生，薛志原，等，2018. 谷物收获机脱粒系统的发展 [J]. 中国农业信息，
30 (5)：32-39.

唐忠，2013. 切纵流结构谷物脱粒分离理论与试验研究 [D]. 镇江：江苏大学.

唐忠，李耀明，李洪昌，等，2011. 切纵流联合收获机田间小麦收获最优路径与速度试验
[J]. 农业机械学报，42 (S1)：133-137.

万锋军，高鑫，2014. 如何正确使用小麦联合收获机 [J]. 南方农机 (4)：46.

王昌昆，2013. 秸秆覆盖度遥感估算及其水分影响校正研究［D］. 北京：中国科学院大学.

王殿忠，陈秀生，2017. 大喂入量谷物轴流脱粒装置的发展现状及趋势［J］. 农业技术与装备（6）：81-84.

王金双，熊永森，陈德俊，2013. 新型中型纵轴流全喂入联合收获机脱粒清选装置设计［J］. 中国农机化学报，34（1）：126-129.

王美美，王万章，杨立权，等，2018. 基于 EDEM 的玉米籽粒建模方法的研究［J］. 河南农业大学学报，52（1）：80-84，103.

王美美，王万章，杨立权，等，2018. 基于响应面法的玉米籽粒离散元参数标定［J］. 华南农业大学学报，39（3）：111-117.

王少农，庄卫东，王熙，2015. 农业机械远程监控管理信息系统研究［J］. 农机化研究，37（6）：264-268.

王万章，刘婉茹，袁玲合，等，2020. 小麦植株建模与单纵轴流物料运动仿真与试验［J］. 农业机械学，51（12）：170-180.

魏丽娟，戴飞，韩正晟，等，2016. 小区小麦育种联合收获机试验研究［J］. 浙江农业学报，28（6）：1082-1088.

武文璇，赵峰，贺晓东，等，2019. 关于节能环保型小麦专用干燥机的思考［J］. 南方农机，50（11）：3，10.

谢焕雄，王海鸥，胡志超，等，2013. 箱式通风干燥机小麦干燥试验研究［J］. 农业工程学报，29（1）：64-71.

徐立章，李耀明，王成红，等，2014. 切纵流双滚筒联合收获机脱粒分离装置［J］. 农业机械学报，45（2）：105-108，135.

颜建春，谢焕雄，胡志超，等，2015. 固定床上下换向通风小麦干燥模拟与工艺优化［J］. 农业工程学报，31（22）：292-300.

杨浩，杨贵军，顾晓鹤，等，2014. 小麦倒伏的雷达极化特征及其遥感监测［J］. 农业工程学报，30（7）：1-8.

杨立权，王万章，张红梅，等，2018. 切流-横轴流玉米脱粒系统改进设计及台架试验［J］. 农业工程学报，34（1）：35-43.

杨薇，王飞，赫志飞，等，2014. 小区育种机械发展现状及展望［J］. 农业工程，4（6）：7-9，56.

姚玉林，吕金庆，邹振萍，1999. 国内外谷物联合收割机的发展预测［J］. 农机化研究（3）：10-13.

原富林，聂运强，张法行，等，2015. 小麦联合收获机精选清理系统的技术研究及应用［J］. 中国农机化学报，36（1）：177-180.

张兰月，李文浩，罗勤贵，等，2013. 红外烘烤处理对小麦胚贮藏稳定性的影响［J］. 食品科学，34（16）：321-325.

张猛，耿爱军，张智龙，等，2018. 谷物收获机智能监测系统研究现状与发展趋势［J］. 中国农机化学报，39（9）：85-90.

张亚伟，2019. 联合收割机脱粒分离质量影响机理及控制策略研究［D］. 北京：中国农业大学.

张智宏, 2017. 基于极化 SAR 的小麦倒伏灾害与长势监测研究［D］. 西安: 西安科技大学.

赵湛, 李耀明, 陈义, 等, 2013. PVDF 谷物传感器减振结构的动力学分析［J］. 振动测试与诊断, 33 (1): 127-131, 170.

赵振才, 2012. 小麦联合收获机田间作业的正确操作［J］. 黑龙江科技信息 (18): 223.

朱德泉, 王继先, 朱德文, 等, 2006. 小麦微波干燥特性及其对品质的影响［J］. 农业工程学报 (4): 182-185.

朱明, 陈海军, 李永磊, 2015. 中国种业机械化现状调研与发展分析［J］. 农业工程学报, 31 (14): 1-7.

Coetzee C J, Lombard S G, 2013. The destemming of grapes: experiments and discrete element modelling［J］. Biosystems Engineering, 114 (3): 232-248.

Geng F, Li Y M, Wang X Y, 2011. Simulation of dynamic processes on flexible filamentous particles in the transverse section of a rotary dryer and its comparison with ideo-imaging experiments［J］. Powder Technology, 207 (1-3): 175-182.

Guo Y, Wassgren C, Hancock B, et al., 2013. Validation and time step determination of discrete element modeling of flexible fibers［J］. Powder Technology, 249 (11): 386-395.

Guo Y, Wassgren C, Hancock B, et al., 2017. Predicting breakage of high aspect ratio particles in an agitated bed using the Discrete Element Method［J］. Chemical Engineering Science, 158: 314-327.

Ji H, Wang Z L, Chong D f, 2020. CARS Algorithm-Based Detection of Wheat Moisture Content Before Harvest［J］. Symmetry, 12 (1): 115.

Lashgari M, Mobli H, Omid M, et al., 2008. Qualitative analysis of wheat grain damage during harvesting with John Deere combine harvester［J］. International Journal of Agriculture and Biology, 10 (2): 201-204.

Lenaerts B, Aertsen T, Tijskens E, et al., 2014. Simulation of grain-straw separation by Discrete Element Modeling with bendable straw particles［J］. Computers and Electronics in Agriculture, 101, 24-33.

Sotnar M, Pospíšil J, Marecek J, et al., 2018. Influence of the combine harvester parameter settings on harvest losses［J］. Acta Technologica Agriculturae, 21 (3): 105-108.

附录1 GB 1351—2008 小麦

前　言

本标准的全部技术内容为强制性。

本标准是对 GB 1351—1999《小麦》的修订。

本标准与 GB 1351—1999 的主要技术差异：

——修改了杂质等术语和定义；

——增加了硬度指数术语和定义；

——以硬度指数取代角质率、粉质率作为小麦硬、软的表征指标；

——对分类原则和指标进行了调整；

——对质量要求中的不完善粒指标作了修改；

——增加了检验规则；

——增加了有关标签标识的规定。

本标准自实施之日起代替 GB 1351—1999。

本标准由国家粮食局提出。

本标准由全国粮油标准化技术委员会归口。

本标准起草单位：国家粮食局标准质量中心、北京国家粮食质量监测中心、河南省粮食局、国家粮食局科学研究院、中国储备粮管理总公司、河南工业大学、农业部谷物及制品质量监督检验测试中心（哈尔滨）、山东省粮食局、河北省粮食局、安徽省粮食局、内蒙古自治区粮食局、黑龙江省粮食局、江苏省粮食局、四川省粮食局、新疆维吾尔自治区粮食局、陕西省粮食局、吉林省粮食局。

本标准主要起草人：杜政、唐瑞明、龙伶俐、朱之光、谢华民、李玥、周光俊、尚艳娥、周展明、王彩琴、尹成华、张玉琴、孙辉、袁小平、吴存荣、王乐凯、杜向东、肖丽荣、丁世琪、何中虎、王步军、顾雅贤、杨军、伊军、张雪梅、刘玉平、徐向颖、宋长权。

本标准所代替标准的历次版本发布情况为：

——GB 1351—1986、GB 1351—1999。

小　麦

1　范围

本标准规定了小麦的相关术语和定义、分类、质量要求、卫生要求、检验方法、检验规则、标签标识，以及包装、储存和运输要求。

本标准适用于收购、储存、运输、加工和销售的商品小麦。

本标准不适用于本标准分类规定以外的特殊品种小麦。

2 规范性引用文件

下列文件中的条款通过本标准的引用而成为本标准的条款。凡是注日期的引用文件，其随后所有的修改单（不包括勘误的内容）或修订版均不适用于本标准，然而，鼓励根据本标准达成协议的各方研究是否可使用这些文件的最新版本。凡是不注日期的引用文件，其最新版本适用于本标准。

GB 2715　粮食卫生标准

GB/T 5490　粮食、油料及植物油脂检验　一般规则

GB 5491　粮食、油料检验　扦样、分样法

GB/T 5492　粮食、油料检验　色泽、气味、口味鉴定法

GB/T 5493　粮食、油料检验　类型及互混检验法

GB/T 5494　粮食、油料检验　杂质、不完善粒检验法

GB/T 5497　粮食、油料检验　水分测定法

GB/T 5498　粮食、油料检验　容重测定法

GB 13078　饲料卫生标准

GB/T 21304　小麦硬度测定　硬度指数法

3 术语和定义

下列术语和定义适用于本标准。

3.1 容重 test weight

小麦籽粒在单位容积内的质量，以克每升（g/L）表示。

3.2 不完善粒 unsound kernel

受到损伤但尚有使用价值的小麦颗粒。包括虫蚀粒、病斑粒、破损粒、生芽粒和生霉粒。

3.2.1 虫蚀粒 injured kernel

被虫蛀蚀，伤及胚或胚乳的颗粒。

3.2.2 病斑粒 spotted kernel

粒面带有病斑，伤及胚或胚乳的颗粒。

3.2.2.1 黑胚粒 black germ kernel

籽粒胚部呈深褐色或黑色，伤及胚或胚乳的颗粒。

3.2.2.2 赤霉病粒 gibberella damaged kernel

籽粒皱缩，呆白，有的粒面呈紫色，或有明显的粉红色霉状物，间有黑色子囊壳。

3.2.3 破损粒 broken kernel

压扁、破碎，伤及胚或胚乳的颗粒。

3.2.4 生芽粒 sprouted kernel

芽或幼根虽未突破种皮但胚部种皮已破裂或明显隆起且与胚分离的颗粒，或芽或幼根突破种皮不超过本颗粒长度的颗粒。

3.2.5 生霉粒 moldy kernel

粒面生霉的颗粒。

3.3 杂质 foreign material

除小麦粒以外的其他物质，包括筛下物、无机杂质和有机杂质。

3.3.1 筛下物 throughs

通过直径 1.5mm 圆孔筛的物质。

3.3.2 无机杂质 inorganic impurity

砂石、煤渣、砖瓦块、泥土等矿物质及其他无机类物质。

3.3.3 有机杂质 organic impurity

无使用价值的小麦，异种粮粒及其他有机类物质。

注：常见无使用价值的小麦有：霉变小麦、生芽粒中芽超过本颗粒长度的小麦、线虫病小麦、腥黑穗病小麦等颗粒。

3.4 色泽、气味 colour and odour

一批小麦固有的综合颜色、光泽和气味。

3.5 小麦硬度 wheat hardness

小麦籽粒抵抗外力作用下发生变形和破碎的能力。

3.6 小麦硬度指数 wheat hardness index

在规定条件下粉碎小麦样品，留存在筛网上的样品占试样的质量分数，用 HI 表示。硬度指数越大，表明小麦硬度越高，反之表明小麦硬度越低。

4 分类

4.1 硬质白小麦

种皮为白色或黄白色的麦粒不低于 90％，硬度指数不低于 60 的小麦。

4.2 软质白小麦

种皮为白色或黄白色的麦粒不低于 90％，硬度指数不高于 45 的小麦。

4.3 硬质红小麦

种皮为深红色或红褐色的麦粒不低于 90％，硬度指数不低于 60 的小麦。

4.4 软质红小麦

种皮为深红色或红褐色的麦粒不低于 90％，硬度指数不高于 45 的小麦。

4.5 混合小麦

不符合 4.1 至 4.4 规定的小麦。

5　质量要求和卫生要求

5.1　质量要求

各类小麦质量要求见表1。其中容重为定等指标，3等为中等。

表1　小麦质量要求

| 等级 | 容重/（g/L） | 不完善粒/% | 杂质/% | | 水分/% | 色泽、气味 |
			总量	其中：矿物质		
1	≥790	≤5.0				
2	≥770					
3	≥750	≤8.0	≤1.0	≤0.5	≤12.5	正常
4	≥730					
5	≥710	≤10.0				
等外	<710	—				

注："—"为不要求

5.2　卫生要求

5.2.1　食用小麦按 GB 2715 及国家有关规定执行。

5.2.2　饲料用小麦按 GB 13078 及国家有关规定执行。

5.2.3　其他用途小麦按国家有关标准和规定执行。

5.2.4　植物检疫按国家有关标准和规定执行。

6　检验方法

6.1　扦样、分样：按 GB 5491 执行。

6.2　色泽、气味检验：按 GB/T 5492 执行。

6.3　小麦皮色检验：按 GB/T 5493 执行。

6.4　小麦硬度检验：按 GB/T 21304 执行。

6.5　杂质、不完善粒检验：按 GB/T 5494 执行。

6.6　水分检验：按 GB/T 5497 执。

6.7　容重检验：按 GB/T 5498 执行。

7　检验规则

7.1　检验的一般规则按 GB/T 5490 执行。

7.2　检验批为同种类、同产地、同收获年度、同运输单元、同储存单元的小麦。

7.3　判定规则：容重应符合表1中相应等级的要求，其他指标按国家有关规定执行。

8　标签标识

应在包装物上或随行文件中注明产品的名称、类别、等级、产地、收获年度和月份。

9 包装、 储存和运输

9.1 包装

包装应清洁、牢固、无破损，封口严密、结实，不应撒漏；不应给产品带来污染和异常气味。

9.2 储存

应储存在清洁、干燥、防雨、防潮、防虫、防鼠、无异味的仓房内。不应与有毒有害物质或含水量较高的物质混存。

9.3 运输

应使用符合卫生要求的运输工具，运输过程中应注意防止雨淋和被污染。

附录 2　GB/T 8097—2008　收获机械
联合收割机　试验方法

前　言

本标准修改采用 ISO 8210：1989《收获机械　联合收割机　试验方法》（英文版）。

本标准与 ISO 8210：1989 相比，进行了如下修改：

——"本国际标准"一词改为"本标准"；

——删除了国际标准的前言；

——用小数点"."代替作为小数点的逗号","；

——对 ISO 8210：1989 中引用的其他国际标准，已被采用为我国标准的用我标准代替对应的国际标准；

——增加了半喂入联合收割机的试验测试要求和割台损失的测试方法。

本标准是对 GB/T 8097—1996《收获机械　联合收割机　试验方法》的修订。与 GB/T 8097—1996 相比，主要内容修改如下：

——调整了标准的框架结构，对内容进行了重新编辑；

——增加了规范性引用文件的导语，重新确认引用标准的有效性；

——删除了作物条件表。

本标准自实施之日起代替 GB/T 8097—1996。

本标准的附录 A、附录 B 为规范性附录。

本标准由中国机械工业联合会提出。

本标准由全国农业机械标准化技术委员会归口。

本标准起草单位：中国农业机械化科学研究院、福田雷沃国际重工股份有限公司。

本标准主要起草人：陈戈、陈俊宝、朱金光、岳芹。

本标准所代替标准的历次版本发布情况为：

——GB/T 8097—1986、GB/T 8097—1996。

收获机械　联合收割机　试验方法

1　范围

本标准规定了联合收割机的术语和定义、技术特征、田间功能试验、生产能力试验。

本标准适用于自走式、背负式、直接收获或捡拾收获多种作物的联合收割机的田间功能试验和生产能力试验。

操作性、调整方便性和一般操纵特性的评定，应在一个收获季节内进行，而籽粒损失率和生产率测定应在规定的条件下进行。

2　规范性引用文件

下列文件中的条款通过本标准的引用而成为本标准的条款。凡是注日期的引用文件，其随后所有的修改单（不包括勘误的内容）或修订版均不适用于本标准，然而，鼓励根据本标准达成协议的各方研究是否可使用这些文件的最新版本。凡是不注日期的引用文件，其最新版本适用于本标准。

GB/T 1592—2003　农业拖拉机后置动力输出轴 1、2 和 3 型（ISO 500：1991，IDT）

GB/T 3871.2—2006　农业拖拉机　试验规程　第 2 部分：整机参数测量

GB/T 3871.5—2006　农业拖拉机　试验规程　第 5 部分：转向圆和通心固直径（ISO 789-3：1993，IDT）

GB/T 4269.1—2000　农林拖拉机和机械、草坪和园艺动力机械　操作者操纵机构及其他显示装置用符号　第 1 部分：通用符号（idt ISO 3767-1：1991）

GB/T 4269.2—2000　农林拖拉机和机械、草坪和园艺动力机械　操作者操纵机构及其他显示装置用符号　第 2 部分：农用拖拉机和机械用符号（idt ISO 3767-2：1991）

GB/T 6979.1—2005　收获机械　联合收割机及功能部件　第 1 部分：词汇（ISO 6689-1：1997，MOD）

GB/T 6979.2—2005　收获机械　联合收割机及功能部件　第 2 部分：在词汇中定义的性能和特征评价（ISO 6689-2：1997，MOD）

GB/T 8094—2005　收获机械　联合收割机　粮箱容量及卸粮机构性能的测定（ISO 5687：1999，IDT）

GB/T 8421—2000　农业轮式拖拉机　驾驶座传递振动的试验室测量与限值（neq ISO 5007：1990）

GB/T 9480—2001　农业拖拉机和机械、草坪和园艺动力机械　使用说明书编写规则（eqv ISO 3600：1996）

GB 10395.1—2001　农林拖拉机和机械　安全技术要求　第 1 部分：总则（eqv ISO 4254-1：1989）

GB/T 14248—2008　收获机械　制动性能测定方法

GB/T 16955—1997　声学　农林拖拉机和机械操作者位置处噪声的测量

简易法（eqv ISO 5131：1996）

GB/T 20341—2006 农林拖拉机和自走式机械 操作者操纵机构 操纵力、位移量、操纵位置和方法（ISO/TS 15077：2002，IDT）

3 术语和定义

GB/T 6979.1 和 GB/T 6979.2 确定的以及下列术语和定义适用于本标准。

3.1 试验机 test machine

被试验的联合收割机。

3.2 对比机 comparison machine

选来做参考的另一台联合收割机。

3.3 试验组 test series

由若干测试行程不可喂入量试验测定的全部情况和数据所组成。

3.4 接样 catch

在测试行程中接取物料的过程。

4 一般要求

4.1 试验报告应说明试验用联合收割机抽样情况和试验前的运行时间。

4.2 联合收割机应按制造厂的使用说明书操作。任何重大违背处均应记在试验报告上，并说明原因。

4.3 应提供联合收割机收获不同作物所必需的或合适的且市场上能买得到的附件。

4.4 应按制造厂的使用说明书安装和调整联合收割机。

5 技术特征

5.1 基本要求

联合收割机主要零件的定义、性能和特征评价应按 GB/T 6979.1 和 GB/T 6979.2 的规定来确定和验证。

5.2 速度（转速）

应在无负荷、调速器拉杆处于规定的正常工作位置时，测定自走式联合收割机任一运动部件的速度。

动力输出轴驱动的联合收割机，应在标准动力输出轴转速下测定（540r/min±10r/min 或 1000 r/min±25 r/min）（见 GB/T 1592）。

行驶速度在水平硬路面上测定，测定时调速器拉杆应处于正常工作位置，将脱粒机体和割台的总传动切断。

采用行走无级变速的联合收割机，应测定各挡的最高和最低速度。没有采用无级变速的联合收割机，应测定所有各挡的速度。

5.3 重心位置

对所测试的联合收割机应标明是否带尾轮驱动和切碎装置。

注：这是用于机器的补充规定。

重心位置应在以下状态测定（见 GB/T 3871.2）。

——机器：联合收割机内无作物；

——割台：完全升起；

——拨禾轮：在最前位置；

——油箱：加满；

——粮箱：装满；

——驾驶员：在驾驶座上放置 75 kg 模拟的质量；

——卸粮台：粮袋置于联合收割机在田间正常作业时最不稳定的位置上。

5.4 粮箱

粮箱容量和卸粮时间的测定应按 GB/T 8094 的规定进行。

6 田间功能试验

试验应在一个持续时期内（如几个月或在某个地区试验一个完整的收获季节）进行，并应尽可能地包括试验地区的主要作物、作物品种和作物状态。

6.1 田间记录内容

应记录每块试验地的：

a）大气状态；

b）坡度和地面状况；

c）地块的形状；

d）割茬高度；

e）作物：品种、状况、杂草含量和估计产量；

f）作业时间；

g）收获面积；

h）油耗。

6.2 作业状况和功能

在整个试验期间，应注意观察联合收割机的作业状况，并做好记录。重点观察 6.2.1 和 6.2.4 规定的内容。

6.2.1 功能方面

试验人员应对以下项目进行观测，并做好记录：

a）切割、收集或拣拾作物的能力；

b）堵塞出现率；

c）发动机功率、调速器调节和冷却系统是否满足要求；

d）粮箱装满或装袋机构的工作情况；

  e) 茎秆排出情况；

  f) 整机的稳定性；

  g) 调节方式是否方便合理；

  h) 各机构控制是否迅速及时；

  i) 卸粮机构的效率，特别是卸潮湿籽粒的效率；

  j) 加油次数情况；

  k) 周围环境情况对联合收割机功能的影响；

  l) 在试验条件不利情况下的驱动能力。

6.2.2　舒适、方便和安全方面

6.2.2.1 记录采用 GB/T 4269.1—2000、GB/T 4269.2—2000、GB/T 20341—2006、GB 10395.1—2001 和 GB/T 14248 —2008 的情况。

6.2.2.2 观察进入驾驶位置是否方便；各操纵装置是否容易操作和识别；粮箱装粮量、卸粮装置和切割器的能见度；仪表的适用性、识别难易和可见程度，座位的舒适性以及防振、防噪声、防尘和防烟等性能。

6.2.2.3 分别按 GB/T 8421—2000 和 GB/T 16955—1997 的规定测定驾驶座的振动和驾驶员工作位置的噪声。

6.2.2.4 试验报告还应包括以下内容：

  a) 如安装驾驶室空调系统，应观察该系统是否合适，控制是否方便；

  b) 照明设备的配备是否合适，特别是晚间工作时是否合适；

  c) 回转半径（见 GB/T 3871.5—2006）；

  d) 联合收割机在道路上操纵和行驶时，观察是否稳定、操纵是否方便；

  e) 在 6.2.2.1 中未提及，但已被注意到的危险情况。

6.2.3　调整和日常保养的方便性

  试验记录中要包括以下调整、保养方便性的内容：

  a) 使用说明书是否清楚易懂（见 GB/T 9480—2001）；

  b) 在改变作物和作物状态时调整的方便性；

  c) 从田间状态改变到运输状态或从运输状态改变到田间状态是否方便；

  d) 进行日常保养的方便性，如：清理空气滤清器、更换机油和机油滤清器、加润滑脂、检查各处机油油面和调节胶带张力等；

  e) 检查燃油油面和加油装置；

  f) 清理联合收割机和清除堵塞，特别是从一种换成另一种作物的清理；

  g) 清理积石槽；

  h) 安装割台的时间。

6.2.4　试验修理

  在试验期间应记录所有重大故障和必要的修理。

7　生产能力试验

在特定的条件下，按以下条款的规定进行联合收割机生产能力（额定喂入量）的测定。被试联合收割机进行试验时，最好选用一台公认的最有声望的同类联合收割机进行对比，并用同样的方法同时进行试验。

7.1　作物和地表条件

应优先按 GB/T 6979.2—2005 规定的作物和条件进行生产能力（额定喂入量）试验。当试验条件与 GB/T 6979.2—2005 的要求不相符时，应在试验报告中说明原因。

试验地表应尽可能平坦，坡地试验按附录 A 的规定进行。

机器测定行进方向应保证风向不影响联合收割机工作部件的性能。

试验所用作物应生长均匀、无杂草、病害和其他作物。一般来说，试验用的作物应是直立生长的，如当地的气候条件和/或当地的具体情况与此要求有差异，这些当地有代表性的条件（如大面积倒伏或作物铺放成条），则应在试验报告中加以说明。

7.2　试验机和对比机

如果采用对比机，应复核该机的制造单位、型号、制造日期和其他有关资料。该机性能应完善，试验前至少在市场上已连续销售了一年。

试验时，试验机和对比机的状况应良好，各工作部件应充分运转。

7.3　试验机和对比机的调整

试验前，试验机与对比机应按试验作物调至最佳性能状态。试验前调整的目的在于让联合收割机在当地和类似地区有代表性的收获条件下能获得正常作业的最好性能，其含杂率在当地尚可接受。用杂质、破碎籽粒和未脱净籽粒等说明样品情况。

考虑到以下进行正常试验所需的时间，应给负责调试人员足够的时间和适当的时机来调整机器。调试人员应负责确定联合收割机的最佳调整状态，即在满意的作物收集和切割情况下，联合收割机能获得的最高喂入量水平。

仅允许在完成一个试验系列后，对脱粒、分离或清选机构进行调整。

7.4　接样装置

应制造和使用接取联合收割机排出物的装置，应能保证：

a）在接样过程中，接取机器全部排出物。

b）接取排出物的各部件应是最全的，对人没有危险。

c）接样开始和结束都不得中断联合收割机各机构的工作和行驶。

d）接样装置不得明显地妨碍联合收割机的正常工作（例如不得影响清选机构气流），也不应改变联合收割机正常排出物料的条件。

e）在正常排出量的情况下，分别从联合收割机分离机构和第一清选室排出口接样。

f）如果联合收割机有辅助清选机构，则应用各出粮口排出的籽粒之和计算籽粒生产率。

g）接取籽粒样品后，立即在接样位置用一个容器从籽粒流中接取籽粒分析样品。籽粒应完全装满容器并密封。

7.5 接样条件和程序

7.5.1 每次接样前联合收割机正常作业应不少于 50m 或 20s（取其中较长的一段距离），以保证各机构工况的稳定。

注：接样前，半喂入和割幅小于 2m 全喂入联合收割机正常作业应不少于 20m。

7.5.2 接样前和接样时，联合收割机应满幅作业。如作物铺放成条，则应能完整平稳地拣拾起来，保证作物流通过脱粒机构整个工作宽度。

7.5.3 每趟测试行程中，作业速度和割茬高度必须保持一致。

7.5.4 联合收割机应用不同前进速度获得不同的喂入量。在达到最大喂入量时，记录说明限制前进速度提高的各种因素，如发动机功率不足，切割、喂入或脱粒困难，割合、脱粒和分离损失太大等。

7.5.5 试验时间应选在作物状态最稳定的时候，对比试验的时间和地块位置等条件应尽可能地接近，试验环境条件的差异应做记录。

7.5.6 接取籽粒和茎秆样本的作业长度应不少于 25m，或取样总质量不少于 50kg。

注：半喂入联合收割机接取籽粒和茎秆样品的作业长度应不少于 15m。

7.5.7 每个试验系列应至少由不同前进速度的 5 趟测试行程组成。

7.5.8 试验时，试验负责人如发现有功能故障、有害的异物进入机器、接样容器已满或溢出等明显的问题，则可报废所测数据。否则，将全部试验结果记入试验，同时也将对不正常情况的意见写进去。

7.5.9 每个试验系列应至少取 3 个籽粒分析样品，容积最好不少于 1000cm³。

7.5.10 应按下述要求确定籽粒损伤率：

a）在测定试验中，应在收获的籽粒已完全充满卸粮系统卸出时，于卸粮系统末端排出口取样；

b）籽粒损伤率应按有关粮食、油料检验国家标准进行，用百分比表示。

7.5.11 每个试验系列应至少取 3 个测定茎秆含水率的样品（每个样品不少于 1kg）。接样结束后立即从茎秆排出口取样。茎秆样品应完全装满密闭容器，分析前不得打开。用携带式测定仪测定水分时要求相同。

7.6 样品的处理

7.6.1 样品的分离和清选工作应尽可能完全机械化，以保证一致性。喂入处

理的物料时应采用比较小的喂入量，以便使样品中夹带的籽粒 99% 以上都能
被清理下来。

7.6.2　籽粒样品成分的分析和处理，应按有关粮食、油料检验国家标准进行。

7.7　试验数据

试验报告应包括如下测定数据：

a）接样时间（s），精确到 0.1s；

b）测定长度（m）；

c）作业速度（km/h），精确到 0.1 km/h；

d）籽粒样品重（kg），精确到 0.5 kg；

e）分离机构样品重（kg），精确到 0.5 kg；

f）清选机构样品重（kg），精确到 0.5 kg；

g）分离损失籽粒重（kg），精确到 0.005 kg；

h）清选损失籽粒重（kg），精确到 0.005 kg；

i）未脱粒损失籽粒重（kg），精确到 0.005 kg；

j）籽粒和茎秆样品的含水率用湿基表示，精确到百分数的整数位，并表
明测定方法；

k）按 7.6.2 分析样品的成分。

——试验报告还应包括如下内容：

——试验负责人对上述各项规定内容的详细记录；

——试验过程中气候或其他方面的不正常变化的说明；

——对联合收割机的作业状况和试验情况的综合评论；

——不做割台损失测定时，应将观测中出现的问题的评论写进试验报告。

注：如进行割台损失的测定，按附录 B 的规定。

7.8　每台联合收割机每个测试行程的测定计算应包括：

a）总喂入量、茎秆喂入量、籽粒喂入量，kg/s；

b）测试段内的平均产量；

c）脱粒机体损失率，精确到 0.1%；

d）作物草谷比（即进入机器内作物的非籽粒部分与籽粒部分的质量比）
和每台机器一个试验系列内，各测试行程测定结果的平均值；

e）籽粒和茎秆的含水率。

7.9　优先采用线性比例图表测试脱粒机体损失率，横坐标为总喂入量、茎秆
喂入量和籽粒喂入量，纵坐标为损失率。每个测试行程的测定数据应标在
图上。

每台联合收割机的额定喂入量（生产率）应是损失曲线上符合 GB/T
6979.2—2005 所规定损失率的那个交点处的喂入量。

8　试验报告

8.1　一般内容

试验报告应包括试验机和对比机的所有原始资料和测定数据。

a) 联合收割机的抽样与获得的途径（见 4.1）；

b) 实物与使用说明书内容，包括联合收割机操作事项，有不符合之处的原因；

c) 联合收割机和割台的所有详细情况；

d) 联合收割机各部件的安装调整，特别是与收割、输送作物有关的部件，包括切割高度、宽度等；

e) 试验地点；

f) 试验日期、开始和结束时间；

g) 试验前的试运转时间；

h) 作物详细情况：品种、作物条件和产量。

8.2　田间功能试验报告内容

除 8.1 规定的内容外，在试验报告中亦应包括以下功能试验有关的试验资料。

a) 每块收割试验地的一般情况、大气与田块条件，地块形状、作物的具体情况等（见 6.1）；

b) 有关试验机的作业状况及性能的情况，包括：

——功能方面（见 6.2.1）；

——舒适性、方便性与安全性（见 6.2.2）；

——调整与日常保养的方便性（见 6.2.3）；

——修理（见 6.2.4）。

8.3　生产能力试验

除 8.1 规定的内容外，在试验报告中应包括以下与额定喂入量试验有关的试验资料。

a) 作物的选择，作物与田间条件以及与 GB/T 6979.2 规定不相符的情况（见 7.1）；

b) 当地的气候情况和当地有关事项的实际情况（见 7.1）；

c) 对比机的详细情况（见 7.2）；

d) 任何有关作对比试验在时间、地点上的差异（见 7.5.5）；

c) 试验测定数据与资料（见 7.7）；

f) 试验负责人记下的不正常情况（见 7.7）；

g) 试验负责人对联合收割机作业状况与试验情况的意见（见 7.7）；

h) 割台损失测定（如进行）的意见（见 7.7）；

i）测定计算结果表（见 7.8）；

j）从试验结果的曲线图上确定联合收割机的生产能力（额定喂入量、生产率）。

附录 A

（规范性附录）

坡地实验

进行坡地试验是为了研究坡地对籽粒损失和输送特性的影响。试验在大约 20％（1：5 或 11°）的坡地上进行。如需要，也可采用其他坡度。

经过调查确认联合收割机在稳定性和制动等方面足够安全后进行试验。由试验站（或负责人）选择 1 种或多种谷类作物进行试验，其中有 1 种作物具有良好的收获状态。

在同一作物条件下测定联合收割机的 4 种工作状态：

1——向右倾斜作业；

2——向左倾斜作业；

3——下坡作业；

4——上坡作业。

首先简要检查 4 种工作状态下联合收割机的输送特性，并记录排出茎秆和颖糠的位置和均匀性以及机体漏粮情况。经初步分析后，把详细损失测定试验减少到只做上述 4 种状态中的 2 种。

做第 1 种状态和第 2 种状态的试验时，比对的联合收割机应紧挨着或相互靠近着进行测定。如做第 3 种状态和第 4 种状态亦相同。

不必进行大范围不同前进速度的试验，但应以与平地"最佳工况"（损失率为允许值时的最大喂入量）相近的一些速度进行试验。

为保证联合收割机在进入测定区（长度）之前，各系统流程被充满、达到稳定状态，试验地长度应足以安排预备区，预备区坡度和测定区应一样，测定试验的其他方面均应与平地试验要求相同。

附录 B

（规范性附录）

割台损失的测定

割台每平方米实际损失量测定：每点实际割幅×1 m（割幅大于 2 m 时，长度为 0.5 m）面积内拣起落粒、掉穗和漏割穗，脱粒后称其籽粒质量，换算成每平方米损失量，求出三点平均值，然后减去每平方米自然落粒。

附录3 NY/T 2090—2011 谷物联合收割机 质量评价技术规范

前　言

本标准按照 GB/T 1.1—2009 给出的规则起草。

本标准由农业部农业机械化管理司提出。

本标准由全国农业机械标准化技术委员会农业机械化分技术委员会（SAC/TC 201/SC 2）归口。

本标准起草单位：农业部农业机械试验鉴定总站、广东省农业机械鉴定站、中国农业机械化科学研究院。

本标准主要起草人：李博强、兰心敏、陈兴和、张辉、黄明、石文海。

谷物联合收割机　质量评价技术规范

1　范围

本标准规定了谷物联合收割机的产品质量要求、检验方法和检验规则。

本标准适用于谷物联合收割机的质量评定。

2　规范性引用文件

下列文件对于本文件的应用是必不可少的。凡是注日期的引用文件，仅注日期的版本适用于本文件。凡是不注日期的引用文件，其最新版本（包括所有的修改单）适用于本文件。

GB/T 1209.1　农业机械　切割器　第1部分：总成

GB/T 2828.1　计数抽样检验程序　第1部分：按接受质量限（AQL）检索的逐批检验抽样计划

GB/T 4269.1　农林拖拉机和机械、草坪和园艺动力机械　操作者操纵机构和其他显示装置用符号　第1部分：通用符号

GB/T 4269.2　农林拖拉机和机械、草坪和园艺动力机械　操作者操纵机构和其他显示装置用符号　第2部分：农用拖拉机和机械用符号

GB/T 5262　农业机械试验条件　测定方法的一般规定

GB/T 5667　农业机械生产试验方法

GB/T 8097—2008　收获机械　联合收割机　试验方法

GB/T 9239.1　机械振动　恒态（刚性）转子平衡品质要求　第1部分：

规范与平衡允差的检验

　　GB/T 9480　农林拖拉机和机械、草坪和园艺动力机械　使用说明书编写规则

　　GB 10395.1—2009　农林机械　安全　第 1 部分：总则

　　GB 10395.7—2006　农林拖拉机和机械　安全技术要求　第 7 部分：联合收割机、饲料和棉花收获机

　　GB 10396　农林拖拉机和机械、草坪和园艺动力机械　安全标志和危险图形　总则

　　GB/T 14248—2008　收获机械制动性能测定方法

　　GB 16151.12—2008　农业机械运行安全技术条件　第 12 部分：谷物联合收割机

　　GB/T 20790—2006　半喂入联合收割机　技术条件

　　JB/T 5117—2006　全喂入联合收割机　技术条件

　　JB/T 6268　自走式收获机械　噪声测定方法

　　JB/T 6287　谷物联合收割机　可靠性评定测试方法

　　JB/T 9832.2　农林拖拉机及机具　漆膜附着性能测定方法　压切法

3　基本要求

3.1　所需的文件

　　a）产品规格确认表（见附录 A）；

　　b）企业产品执行标准或产品制造验收技术条件；

　　c）产品使用说明书；

　　d）三包凭证；

　　e）样机照片。

3.2　主要技术参数核对与测量

　　对样机的主要技术参数按照表 1 进行核对与测量，确认样机与技术文件规定的一致性。测定应在水平坚实的地面上进行。

表 1　核测项目与方法

序号	项　　目		方法
1	型号规格		核对
2	结构型式		核对
3	配套发动机	生产企业	核对
		牌号型号	核对
		结构型式	核对
		额定功率	核对
		额定转速	核对

（续）

序号	项　目			方法
4	外形尺寸（长×宽×高）	工作状态		测量
		运输状态		测量
5	整机使用质量			测量
6	割台宽度			测量
7	喂入量			核对
8	最小离地间隙			测量
9	理论作业速度			核对
10	作业小时生产率			核对
11	单位面积燃油消耗量			核对
12	割刀型式			核对
13	割台搅龙型式			核对
14	拨禾轮	型式		核对
		直径		测量
		拨禾轮板数		核对
15	脱粒滚筒	数量		核对
		型式	主滚筒	核对
			副滚筒	
		尺寸（外径×长度）	主滚筒	核对
			副滚筒	
16	凹板筛型式			核对
17	风扇	型式		核对
		直径		测量
		数量		核对
18	履带	规格（节距×节数×宽）		测量
		轨距		测量
19	轮胎规格	导向轮		核对
		驱动轮		
20	最小通过半径	左转		测量
		右转		
21	变速箱类型			核对
22	制动器型式			核对
23	茎秆切碎器型式			核对
24	复脱器型式			核对
25	接粮方式			核对

注：配套两种以上发动机、割台时，应按照项目要求分栏填写。

3.3 试验条件

3.3.1 根据样机规定的适应作物品种选择试验作物和试验地，试验地应符合样机的适用范围，地块长度应在 75 m 以上，宽度在 25 m 以上。其作物的品种、产量在当地应具有代表性，测区内作物应直立、无倒伏情况。水稻联合收割机的试验田块地表应无积水。

3.3.2 全喂入式谷物联合收割机选择在切割线以上无杂草、作物直立，小麦草谷比为 0.6～1.2、籽粒含水率为 12％～20％，水稻草谷比为 1.0～2.4、籽粒含水率为 15％～28％的条件下进行。

3.3.3 半喂入式谷物联合收割机选择在切割线以上无杂草、自然高度在 650～1 200 mm、穗幅差不大于 250 mm、小麦籽粒含水率为 14％～22％、水稻籽粒含水率为 15％～28％的条件下进行。

3.3.4 样机应按使用说明书的规定配备操作人员，并按使用说明书的规定进行操作。驾驶员应操作熟练，无特殊情况不允许更换驾驶员。

3.3.5 噪声测试时，要求风速不大于 3 m/s。

3.4 主要仪器设备要求

仪器设备应进行检定或校准，且在有效期内。被测参数准确度要求应满足表 2 的规定。

表 2 主要仪器设备测量范围和准确度要求

测量参数		测量范围	准确度要求
长度，m		0～5	±1mm
质量	接取籽粒样品质量，kg	6～100	±0.05kg
	接取分离及清选样品质量，kg	0.2～6	±1g
	损失籽粒质量，g	0～200	±0.1g
时间，h		0～24	±0.5s/24h
噪声，dB（A）		34～130	±0.5dB（A）
温度，℃		0～50	±1℃
湿度，％		0～100	±5％
风速，m/s		0～3	±0.1m/s
漆膜厚度，μm		0～200	±2％

4 质量要求

4.1 作业性能

在企业明示的作业条件下，且符合 3.3 的规定，谷物联合收割机的主要性能指标应符合表 3 的规定。

表 3 性能指标

序号	项目	质量指标					对应的检测方法条款号
		机型	自走式	背负式	自走式	背负式	
		作物	小麦		水稻		
1	总损失率，%	全喂入	≤1.2	≤1.5	≤3.0	≤3.5	5.1.3.8
		半喂入	≤3.0		≤2.5		
2	破碎率，%	全喂入	≤1.0		≤1.5		5.1.3.5
		半喂入	≤0.5		≤0.5		
3	含杂率，%	全喂入	≤2.0				5.1.3.4
		半喂入	≤2.0		≤1.0		
		对于简易式谷物联合收割机：≤3.0					
4	有效度，%	≥93					5.10
5	平均故障间隔时间（MTBF），h	≥50					5.10
6	作业小时生产率，km²/h	不低于产品明示规定值上限的80%					5.9.2
7	单位面积燃油消耗量，kg/hm²	不高于产品明示规定值上限的80%					5.9.2
8	噪声，dB（A）	动态环境噪声		≤87			5.6
		驾驶员耳位噪声	带密封驾驶室	≤85			
			普通驾驶室	≤93			
			无驾驶室或简易驾驶室	≤95			

4.2 安全性

依据 GB 10395.1、GB 10396、GB 10395.7、GB 16151.12、GB/T 20790 及 JB/T 5117 的有关规定，按附录 B 逐项检查，必须全部合格。对简易式谷物联合收割机，可视具体情况对其安全检验项目进行适当调整。

4.3 整机技术要求、装配与外观质量

整机技术要求、装配与外观质量应符合表 4 的规定。

表 4 整机装配与外观质量要求

序号	项目	质量指标
1	密封性能	液压系统，发动机和传动箱各结合面，油管接头及油箱等处静结合面手摸无湿润，动结合面目测无滴漏和流痕。水箱开关、水封和水管接头等处目测无滴水现象；水箱、缸盖、缸垫和水管表面无渗水现象。缸盖、缸垫、排气管结合面无漏气现象。割台、过桥和脱粒机体各结合面目测或接取均无明显落粒
2	起动性能	起动试验在常温条件下进行，测定 3 次，启动时间应不大于 30s，至少 2 次起动成功

（续）

序号	项目		质量指标
3	空运转性能		将收割机停在场地上，使各传动及工作部件运转，在发动机保持额定转速时，割台升降应灵活、平稳、可靠，不得有卡阻等现象。传动部件、输送部件、脱粒机体等不得有异常声音
			离合器应保证结合平稳、可靠，分离完全、彻底；在不同挡位，变速箱不得有异常声响、脱挡和乱挡现象
4	焊接质量		焊缝平整、均匀，无烧穿、漏焊、脱焊和气孔、咬肉等现象
			焊缝缺陷数≤5 处
5	整机外观		整机外观应无磕碰、划伤和锈蚀，无错装、漏装现象
6	涂漆质量	涂漆外观	色泽均匀，平整光滑，无露底、起泡和起皱现象
		漆膜厚度，μm	≥40
		漆膜附着力	3 处Ⅱ级以上
7	液压系统		液压系统各路油管的固定应牢靠，供油管路连接正确，油管表面不得有扭转、压扁和破损现象；开机后各路油管无明显振动
			液压系统各油管和接头的耐压性能；在额定工作压力的 1.5 倍下，保持 2 min，管路不得漏油
8	同一传动回路对称中心面位置度，%	带轮	≤0.3（中心距≤1200mm 时）
			≤0.5（中心距≤1200mm 时）
		链轮	≤0.2
9	履带		检查左右履带与联合收割机纵向中心线是否平行，驱动轮与履带导轨是否有顶齿及脱轨现象
10	通过性能	最小离地间隙，mm	全喂入轮式　≥250
			全喂入履带式　≥180
			半喂入式　≥170
		履带接地压力，kPa	≤24
11	卸粮时间，min		≤2.5
12	标牌		检查样机在易见部位是否安装了字迹清楚、牢固可靠的固定式标牌，其内容至少包括产品型号、名称、商标、整机质量、喂入量、发动机功率、产品出厂编号、产品制造日期及制造单位名称
13	割台		割台离地间隙应一致，其两端间隙差值应不大于幅宽的 1%。当幅宽超过 3m 时，其两端间隙差不大于幅宽的 0.5%。对于半喂入联合收割机，其两端间隙差不大于 10mm 或幅宽的 1%
			割台静置 30min 后，静沉降量应不大于 10mm

（续）

序号	项目	质量指标
13	割台	割台升降、运转应灵活、平稳、可靠，不得有卡阻现象。调节机构应调节方便、到位、可靠。提升速度不低于 0.2m/s，下降速度不低于 0.15m/s
14	号牌座	应设置号牌座 2 处，其面积不小于 300mm×165mm。两个安装孔的直径为 8mm，孔距为 250mm，其左边孔的定位尺寸为距号牌座上边 17.5mm

4.4 操纵方便性

4.4.1 驾驶员进入驾驶位置应方便，各操纵装置易操作和识别，各操纵机构灵活、有效，具有防止割台传动意外接合的机构。在使用说明书中，应有对操纵机构及其所处不同位置的描述。

4.4.2 各张紧、调节机构应可靠，调整方便。

4.4.3 各离合器结合应平稳、可靠，分离彻底。

4.4.4 变速箱、传动箱应无异常响声、脱挡及乱挡现象。

4.4.5 保养点设置易于操作，保养点数合理。

4.4.6 换装易损件应方便。

4.4.7 自走式收割机的结构能保证由驾驶员一人操纵，驾驶方便舒适。

4.4.8 液压操纵系统和转向系统应灵活可靠，无卡滞现象。

4.4.9 各操纵机构应轻便灵活、松紧适度。所有自动回位的操纵件，在操纵力去除后，应能自动返回原来位置，无卡阻现象。

4.4.10 操纵符号应固定在相应的操纵装置附近，应符合 GB/T 4269.1～4269.2 的规定。

4.4.11 联合收割机的结构应能根据作物和收获条件进行相应的调整。各调节机构应保证操作方便，调节灵活、可靠。各部件调节范围应能达到规定的极限位置。

4.5 可靠性

4.5.1 依据可靠性试验结果进行评价的，满足平均故障间隔时间不小于 50h、联合收割机有效度 k_{200h} 不小于 93%（k_{200h} 是指对联合收割机样机进行 200h 可靠性试验的有效度）。可靠性评价结果为合格。如果发生重大质量故障，可靠性试验不再继续进行，可靠性评价结果为不合格。

4.5.2 重大质量故障是指导致机具功能完全丧失、危及作业安全、造成人身伤亡或重大经济损失的故障，以及主要零部件或总成（如发动机、转向、制动系统，液压系统，脱粒滚筒，变速箱，离合器等）损坏、报废、导致功能严重下降、难以正常作业的故障。

4.5.3 批量生产销售 2 年以上且市场累计销售量超过 1 000 台的产品，可以按生产查定并结合可靠性跟踪调查结果进行可靠性评价。可靠性调查在不少于 50 个、作业一个季节以上产品的用户中，随机抽取 10 个用户进行调查。

4.5.4 依据生产查定并结合可靠性跟踪调查结果进行评价的，满足有效度 k_{30h} 不小于 98%、可靠性调查结果中没有发生如 4.5.2 中所述的重大质量故障，可靠性评价结果为合格。

4.6 使用说明书

使用说明书的编制应符合 GB/T 9480 的要求，至少应包括以下内容：

a）再现安全警示标志、标识，明确表示粘贴位置；

b）主要用途和适用范围；

c）主要技术参数；

d）正确的安装与调试方法；

e）操作说明；

f）安全注意事项；

g）维护与保养要求；

h）常见故障及排除方法；

i）产品"三包"内容，也可单独成册；

j）易损件清单；

k）产品执行标准代号。

4.7 三包凭证

至少应包括以下内容：

a）产品品牌、型号规格、生产日期、购买日期、产品编号；

b）生产者的名称、联系地址和电话；

c）销售者、修理者的名称、联系地址、电话；

d）三包项目；

e）三包有效期（包括整机三包有效期，主要部件质量保证期以及易损件和其他零部件的质量保证期，其中整机三包有效期和主要部件质量保证期不得少于一年）；

f）销售记录（应包括销售者、销售地点、销售日期和购机发票号码等项目）；

g）修理记录（应包括送修时间、交货时间、送修故障、修理情况、换退货证明等项目）。

4.8 主要零部件质量

4.8.1 脱粒滚筒

4.8.1.1 钉齿式和指齿式脱粒滚筒应进行动平衡，其不平衡量按 GB/T

9239.1的规定进行确定,不平衡量应不大于G6.3级的规定值。全部脱粒齿齿顶的径向圆跳动应不大于±2 mm。

4.8.1.2 弓齿式脱粒滚筒应进行静平衡,其不平衡量应不大于$1.5 \times 10^{-2} N \cdot m$。进口端圆周的径向圆跳动应不大于1.5mm,中间圆周的径向圆跳动应不大于2 mm。进口端端面圆跳动应不大于1.5mm。

4.8.2 风扇、带轮

4.8.2.1 风扇、铸造无级变速带轮和重量大于5 kg、转速超过400 r/ min的带轮应进行静平衡,其不平衡量按GB/T 9239.1的规定进行确定,不平衡量应不大于G 16级。半喂入式联合收割机,其风扇、带轮不平衡量应不大于$1.0 \times 10^{-2} N \cdot m$。

4.8.2.2 风扇转速超过1 500r/min时,应进行动平衡。

4.8.3 切割器总成

切割器间隙应符合GB/T 1209.1的规定。

4.8.4 凹板筛

4.8.4.1 在凹板长度小于或等于900mm时,凹板的对角线差不大于2.5mm;在凹板长度大于900mm时,凹板的对角线差不大于4 mm。

4.8.4.2 配指式和板式滚筒的栅格式凹板工作面,用样板检查时,其局部间隙应不大于3mm。

4.8.4.3 编织筛凹板工作面,用样板检查时,其局部间隙应不大于5mm。

5 检测方法

5.1 性能试验

5.1.1 试验条件测定

5.1.1.1 田间调查

按GB/T 5262中有关规定进行。调查的内容包括作物品种、作物成熟期、自然高度、穗幅差(半喂入)、自然落粒、籽粒含水率、茎秆含水率以及地块形状、尺寸、杂草情况等。割幅宽度、割茬高度、作物草谷比在性能试验时进行检测。

5.1.1.2 穗幅差测定方法

谷穗直立的作物,穗幅差为一束作物中最高和最低植株茎秆基部至谷穗根部的长度差;谷穗弯曲下垂且穗尖低于谷穗根部的作物,穗幅差为一束作物中最高和最低植株茎秆基部至穗尖的长度差。测量时,谷穗保持自然状态。

5.1.1.3 茎秆含水率测定方法

a)用烘干法测量,样品按五点法割取,每点取一个不少于50 g的小样,称重并做好标记;

b)可用便携水分测定仪检测;

c) 其他项目检测方法按 GB/T 8097—2008 中 7.5.11 的规定进行取样。

5.1.1.4 作物草谷比

按 GB/T 8097—2008 中 7.8 的有关规定进行。

5.1.2 一般要求

5.1.2.1 试验条件按 3.3 要求检查，条件具备方可进行试验。试验挡位应选择常用作业挡，在满足额定喂入量的条件下，至少进行 3 个挡位或 3 个不同作业速度（无级变速机型）的测试行程。

5.1.2.2 为保证工况稳定，将试验地块分为预备区、测区和缓冲区。半喂入和割幅小于 2 m 的全喂入联合收割机在预备区的正常作业应不少于 20 m，割幅大于 2 m 的全喂入联合收割机在预备区的正常作业应不少于 50 m。全喂入联合收割机测区长度为 25 m，半喂入联合收割机测区长度为 15 m。划测区时，需在测区内等间隔取 3 点作为测量基准点。

5.1.2.3 样机在试验开始前，允许按照使用说明书的规定进行调整和保养，达到正常状态后进行测试。试验过程中，不允许再对样机进行调整。

5.1.2.4 测试时，样机应保持满割幅作业。每个测试行程的作业速度和割茬高度应保持基本一致。

5.1.2.5 接样和样品处理按 GB/T 8097—2008 中 7.5 和 7.6 的规定进行。要求完整接取每个行程的出粮口及各排草、排杂口排出物后分别称重记录。每个行程从出粮口排出物中取 3 个不少于 1 000 cm³（或 1 000 g）的小样，用于检测脱粒质量。每个行程在 3 个测量基准点，按 GB/T 8097—2008 中附录 B 的规定进行割台损失测定。

5.1.3 作业性能测定

5.1.3.1 每个行程分别测量作业速度，同时按 5.1.2.5 的要求进行接样、取样和样品处理，计算每个行程的喂入量、测区内平均产量、草谷比、含杂率、破碎率、千粒质量、割台损失率、脱粒机体损失率、总损失率等指标。

5.1.3.2 作业速度按式（1）计算：

$$V = 3.6 \times \frac{L}{T} \quad \cdots\cdots\cdots\cdots\cdots\cdots\cdots\cdots\cdots\cdots \quad (1)$$

式中：

V——作业速度，单位为千米每小时（km/h）；

L——测定区长度，单位为米（m）；

T——通过测定区的时间，单位为秒（s）。

5.1.3.3 喂入量按式（2）计算：

$$Q = \frac{W_v}{T} \quad \cdots\cdots\cdots\cdots\cdots\cdots\cdots\cdots\cdots\cdots \quad (2)$$

式中：

Q——喂入量，单位为千米每秒（kg/s）；

W_v——通过测定区时接取的籽粒、茎秆和清选排出物的总质量，单位为千克（kg）。

5.1.3.4 含杂率按式（3）计算：

$$Z_z = \frac{W_{xz}}{W_{xi}} \times 100 \quad \cdots\cdots\cdots\cdots\cdots\cdots\cdots\cdots\cdots (3)$$

式中：

Z_z——含杂率，单位为百分率（%）；

W_{xz}——出粮口取小样中杂质质量，单位为克（g）；

W_{xi}——出粮口取小样质量，单位为克（g）。

5.1.3.5 破碎率按式（4）计算：

$$Z_P = \frac{W_p}{W_x} \times 100 \quad \cdots\cdots\cdots\cdots\cdots\cdots\cdots\cdots\cdots (4)$$

式中：

Z_P——破碎率，单位为百分率（%）；

W_p——出粮口取小样中破碎籽粒质量，单位为克（g）；

W_x——出粮口取小样籽粒质量，单位为克（g）。

5.1.3.6 脱粒机体损失率按式（5）～式（9）计算：

$$S_t = S_w + S_f + S_q \quad \cdots\cdots\cdots\cdots\cdots\cdots\cdots\cdots (5)$$

$$S_w = \frac{W_w}{W} \times 100 \quad \cdots\cdots\cdots\cdots\cdots\cdots\cdots\cdots (6)$$

$$S_f = \frac{W_f}{W} \times 100 \quad \cdots\cdots\cdots\cdots\cdots\cdots\cdots\cdots (7)$$

$$S_q = \frac{W_q}{W} \times 100 \quad \cdots\cdots\cdots\cdots\cdots\cdots\cdots\cdots (8)$$

$$W = W_c(1 - Z_z) + W_w + W_f + W_q + W_g \quad \cdots\cdots\cdots\cdots (9)$$

式中：

S_t——脱粒机体损失率，单位为百分率（%）；

S_w——未脱净损失率，单位为百分率（%）；

S_f——分离损失率，单位为百分率（%）；

S_q——清选损失率，单位为百分率（%）；

W_c——出粮口籽粒质量，单位为克（g）；

W_w——未脱净损失籽粒质量，单位为克（g）；

W_f——分离损失籽粒质量，单位为克（g）；

W_q——清选损失籽粒质量，单位为克（g）；

W_g——割台损失籽粒质量，单位为克（g）；

W——接样区内所接籽粒总重，单位为克（g）。

5.1.3.7 割台损失率按式（10）计算：

$$S_g = \frac{W_{gs}(B \times L)}{W} \times 100 \quad\cdots\cdots\cdots\cdots\cdots\cdots\cdots\cdots\cdots\cdots (10)$$

式中：

B——平均实际割帽，单位为米（m）；

S_g——割台损失率，单位为百分率（%）

W_{gs}——割台每平方米实际损失量，单位为克（g）；

5.1.3.8 总损失率按式（11）计算：

$$\sum S = S + S_g \quad\cdots\cdots\cdots\cdots\cdots\cdots\cdots\cdots\cdots\cdots\cdots\cdots\cdots (11)$$

式中：

$\sum S$——联合收割机总损失率，单位为百分率（%）；

S——脱粒机体损失率，单位为百分率（%）；

S_g——割台损失率，单位为百分率（%）。

5.1.3.9 草谷比按式（12）计算：

$$R = \frac{W_{fq} + W_c + Z_z}{W} \quad\cdots\cdots\cdots\cdots\cdots\cdots\cdots\cdots\cdots\cdots (12)$$

式中：

R——测区草谷比；

W_{fq}——接样区内所接分离及清选排出物质量，单位为千克（kg）。

5.1.3.10 测区内平均产量按式（13）计算：

$$\bar{O} = \frac{10W}{BL} \quad\cdots\cdots\cdots\cdots\cdots\cdots\cdots\cdots\cdots\cdots\cdots\cdots (13)$$

式中：

$\bar{O}$——测区内平均产量，单位为千克每公顷（kg/hm²）。

5.2 安全性检查

按 4.2 的规定进行。

5.3 整机装配与外观质量

5.3.1 起动性能（悬挂式免做）

起动试验在常温条件下进行，测定 3 次，分别记录起动成功的次数和时间。每两次起动之间至少要间隔 2 min。

5.3.2 密封性

按 JB/T 5117—2006 中 6.8 的规定进行检查。

5.3.3 运转性能

按照表 4 中的空运转性能进行检查。

5.3.4 焊接质量

检查焊接件有无烧穿、漏焊、脱焊和气孔、咬肉、夹渣等焊缝缺陷。

5.3.5 整机外观

检查整机外观有无磕碰、划伤和锈蚀，有无错装、漏装现象。

5.3.6 涂漆质量检查

符合下列全部要求，涂漆质量检查为合格。

5.3.6.1 漆膜外观质量

按 JB/T 5117—2006 中 5.2.9 的规定进行检查。

5.3.6.2 漆膜附着力

在影响外观的主要覆盖件上确定 3 个测量点位，方法按 JB/T 9832.2 的规定进行。

5.3.6.3 漆膜厚度

在影响外观的主要覆盖件上分 3 组测量，每组测 5 点，计算平均值。

5.3.7 液压系统

5.3.7.1 察看各路油管的固定是否牢靠，供油管路连接是否正确，油管表面是否有扭转、压扁和破损现象，开机后检查各路油管有无明显振动。

5.3.7.2 液压系统管路在额定工作压力的 1.5 倍下，保持压力 2min. 检查管路是否漏油。

5.3.8 同一回路带轮轮槽对称中心面位置度

测定时，以其中一个带（链）轮的中心平面为基准，检测另一个传动带（链）轮的中心平面相对基准平面的位置度，计算位置度相对于带（链）轮中心距的百分比。

5.3.9 履带

检查左右履带与联合收割机纵向中心线是否平行，驱动轮与履带导轨是否有顶齿及脱轨现象。

5.3.10 标牌及号牌座检查

5.3.10.1 检查样机在易见部位是否安装了字迹清楚、牢固可靠的固定式标牌，其内容至少包括产品型号、名称、商标、整机质量、喂入量、发动机功率、产品出厂编号、产品制造日期及制造单位名称。

5.3.10.2 号牌座按 GB 16151.12—2008 中 3.21 的规定检查。

5.4 制动性能试验（悬挂式免做）

5.4.1 行车制动性能

自走轮式联合收割机按 GB/T 14248—2008 中 5.1.1 的规定进行最高车速

冷态紧急行车制动试验。最高车速大于 20km/h 的机型，制动初速度为 20km/h。冷态行车制动减速度及制动稳定性应符合 JB/T 5117—2006 中 3.7 的规定。

5.4.2 停车制动性能

依照 JB/T 5117—2006 中 3.8 的要求，按 GB/T 14248—2008 中 6.1 的规定进行。

5.5 通过性能试验（悬挂式免做）

最小离地间隙及履带接地压力检测，全喂入联合收割机按 JB/T 5117—2006 中 4.3、6.3.1 的规定进行，半喂入联合收割机按 GB/T 20790—2006 中 4.4、6.3.1 的规定进行。

5.6 噪声测定（悬挂式免做）

按 JB/T 6268 的规定进行。

5.7 操纵方便性检查

按 4.4 的要求逐项检查。

5.7.1 割台升降、静沉降性能试验

按 JB/T 5117—2006 中 5.3.1.1 的规定进行。

5.7.2 割台两端离地间隙差

按 JB/T 5117—2006 中 5.3.1.1 的规定进行。

5.8 主要零部件检测

主要零部件检测依据生产图纸或相关标准进行，使用企业提供的量检具应在计量合格有效期内。检验样品从工厂零部件仓库的合格品区随机抽取，每种零部件抽取 3 件，抽样基数不少于 5 件。抽取的零部件主要包括脱粒滚筒、风扇、带轮、切割器总成和凹板筛等。

5.8.1 脱粒滚筒

按 4.8.1 的规定进行。

5.8.2 风扇、带轮

按 4.8.2 的规定进行。

5.8.3 切割器总成

切割器间隙按 4.8.3 的规定进行。

5.8.4 凹板筛

凹板筛检查按 4.8.4 的规定进行。

5.9 生产查定

5.9.1 生产查定的作业时间应不少于 30h。履带自走式收割机，生产查定期间应有在部分倒伏地块和泥脚较深地块的作业。记录样机作业时间、收获面积、燃油消耗量、故障情况，计算作业小时生产率、单位面积燃油消耗量和有效度 k_{30h}。在生产查定过程中，不允许发生导致机具功能完全丧失、危及作业

安全、造成人身伤亡或重大经济损失的故障，也不允许发生主要零部件或总成（如发动机、转向和制动系统、液压系统、脱粒滚筒、变速箱、离合器等）损坏、报废、导致功能严重下降、难以正常作业的故障。

注：k_{30h} 是指对样机进行作业时间不少于 30h 生产查定的有效度。

5.9.2 时间分类、作业小时生产率和单位面积燃油消耗量的计算按 GB/T5667 的进行。

5.9.3 卸粮时间测定在生产查定期间进行。

5.10 可靠性试验

5.10.1 试验要求

5.10.1.1 参加试验的操作人员（驾驶员）应具有熟练操作、维修和保养机器的能力，并必须按使用说明书的规定进行操作、保养和维修。

5.10.1.2 在试验全过程中，试验人员应认真、准确地填写每日的写实记录。

5.10.2 试验时间

可靠性考核采取定时截尾试验方法，联合收割机的可靠性试验时间不少于 200h，自走式联合收割机的工作时间采用发动机工作时间，牵引式和背负式（悬挂式）联合收割机采用纯工作时间。工作时间精确到 0.1h，故障时间采用计时器测定。统计计算时换算成小时，精确到 0.1h。

5.10.3 试验条件应符合使用说明书的规定。

5.10.4 试验前、后应测量主要件和易损件的有关数据，评价主要件和易损件的耐用性。

5.10.5 观察或测定样机操作、调整、保养和拆装的方便性和样机的安全性。

5.10.6 可靠性指标计算

a）平均故障间隔时间按照 JB/T 6287 的规定进行。

b）有效度按 JB/T 6287 的规定进行。

5.10.7 可靠性调查按照 4.5.3 的规定进行。

5.11 使用说明书审查

按 4.6 的要求逐项检查。

5.12 三包凭证审查

按 4.7 的要求逐项检查。

6 检验规则

6.1 抽样方法

6.1.1 抽样方案应符合 GB/T 2828.1 的规定。

6.1.2 样机由制造企业提供且应是近半年内生产的合格产品，在制造企业明示的合格产品存放处或生产线上随机抽取，抽样基数不少于 5 台（市场或使用现场抽样不受此限）。

6.1.3 整机抽样数量 2 台。

6.2 不合格分类

所检测项目不符合第 5 章质量要求的称为不合格。不合格按其对产品质量影响程度分为 A、B、C 三类。不合格项目分类见表 5。

表 5 不合格项目分类

不合格项目分类		项目	
类别	项数		
A	1	安全性（附录 A）	
	2	总损失率	
	3	号牌座	
	4	噪声	动态环境噪声
			驾驶员耳位噪声
	5	制动性能	冷态行车制动减速度
			停车制动性能
	6	可靠性评价	评价故障间隔时间（MTBF）
			有效度
			可靠性调查结果
B	1	破碎率	
	2	含杂率	
	3	起动性能	
	4	使用说明书	
	5	三包凭证	
	6	标牌	
	7	脱粒滚筒平衡	
	8	单位面积燃油消耗量	
	9	作业小时生产率	
C	1	整机装配	运转性能
			同一传动回路对称中心面位置度
			液压系统
			履带
			整机外观
	2	焊接质量	
	3	操纵方便性	
	4	割台两端离地间隙差	

（续）

不合格项目分类		项目	
类别	项数		
C	5	涂漆质量	漆膜附着力
			漆膜外观
			漆膜厚度
	6	切割器间隙	
	7	凹板筛	
	8	密封性能	
	9	割台升降性能	割台升降时间
			割台静沉降性能
	10	卸粮时间	
	11	通过性能	最小离地间隙
			履带接地压力
	12	结构可调整性检查	
	13	带轮、叶轮平衡	

注：简易式联合收割机，可视具体情况，对安全检验项目做适当调整。

6.3 评定规则

6.3.1 采用逐项考核，按类判定。各类不合格项目数均小于或等于相应接收数 Ac 时，判定产品合格，否则判定产品不合格。判定数组见表6。

表6 判定规则

不合格分类	A		B		C	
检验水平	S-1					
样本量字码	A					
样本量（n）	2		2		2	
项次数	6×2		9×2		13×2	
AQL	6.5		25		40	
Ac　　Re	0	1	1	2	2	3

注：表中 AQL 为接受质量限，Ac 为接收数，Re 为拒收数。

6.3.2 试验期间，因样机质量原因造成故障，致使试验不能正常进行，应判定产品不合格。

附录 A
（规范性附录）

产品规格确认表

序号	项目			单位	设计值
1	型号规格			/	
2	结构型式			/	
3	配套发动机	生产企业		/	
		牌号型号		/	
		结构型式		/	
		额定功率		kW	
		额定转速		r/min	
4	外形尺寸（长×宽×高）	工作状态/运输状态		mm	
5	整机使用质量			kg	
6	割台宽度			mm	
7	喂入量			t/h	
8	最小离地间隙			mm	
9	理论作业速度			km/h	
10	作业小时生产率			hm²/h	
11	单位面积燃油消耗量			kg/hm²	
12	割刀型式			/	
13	割台搅龙型式			/	
14	拨禾轮	型式		/	
		直径		mm	
		拨禾轮板数		个	
15	脱粒滚筒	数量		个	
		型式	主滚筒/副滚筒	/	
		尺寸（外径×长度）	主滚筒	mm	
			副滚筒		
16	凹板筛型式			/	
17	风扇	型式		/	
		直径		mm	
		数量		个	

（续）

序号	项目		单位	设计值
18	履带	规格（节距×节数×宽）	/	mm× 节× mm
		轨距	mm	
19	轮胎规格	导向轮/驱动轮	/	
20	最小通过半径	左转/右转	mm	
21	变速箱类型		/	
22	制动器型式		/	
23	茎秆切碎器型式		/	
24	复脱器型式		/	
25	接粮方式		/	

注：配套两种以上发动机、割台时，应按照项目要求分栏填写。

附录 B
（规范性附录）

安全检查明细表

序号	检验项目	依据标准	合格指标说明
1	危险运动件安全防护	GB 10395.1—2009 中 4.7、6.4、5.1.8 GB 16151.12—2008 中 3.10、3.11 GB/T 20790—2006 中 3.2 JB/T 5117—2006 中 3.2	各轴系、带轮、链轮、胶带、链条、传动轴和万向节等运动件及发热部件应有防护装置，其结构和与危险件的安全距离应符合 GB 10395.1 的有关规定．排气管应装有保证火星熄灭功能。排气管的出口位置和方向应保证驾驶员和其他操作者尽量少地接触到有毒气体和烟雾
2	安全标志	GB 10395.1—2009 中 8.2 GB 10396 GB 16151.12—2008 中 3.12 GB/T 20790—2006 中 5.2 JB/T 5117—2006 中 3.2	对操作者存在或有潜在危险的部位（如正常操作时必须外露的功能件，防护装置的开口处和维修保养时有危险的部位）应固定永久的安全标志。安全警示标志应符合 GB 10396 的要求。收割台、驾驶台、粮箱、排草口、脱粒机体外壳、茎秆切碎器、茎秆夹持链、螺旋输送器检查口、加油口、排气管消声器出口附近等部位应有安全标志

（续）

序号	检验项目	依据标准	合格指标说明
3	安全使用说明	GB 10395.1—2009 中 8.1 GB 10395.7—2006 中 4.3 JB/T 5117—2006 中 5.2.10	使用说明书应对有关安全注意事项进行说明。包括： 　a）收割装置和/或切割装置有关剪切的危险 　b）进入粮箱的危险 　c）茎秆切碎器后不得站人 　d）灭火器的使用方法 　e）割台固定机构使用方法等 　f）动力源停机装置的操作要领及使用方法 　g）作业过程中的危险、维修保养工作中的危险等 　h）装卸、行走、运输方面的危险
4	驾驶室	GB 10395.7—2006 中 4.4.1、4.1.6、4.1.7 GB 16151.12—2008 中 12	驾驶室内部或驾驶台的最小尺寸应符合 GB 10395.7—2006 中图 1 的规定 　驾驶室门道尺寸应符合 GB 10395.7—2006 中图 3 的规定，驾驶室前挡风玻璃必须使用安全玻璃，驾驶室在不同面应有两个活动的紧急出口，紧急出口在驾驶室内不使用工具应容易打开，其横截面至少能包含一个长轴为 640mm、短轴为 440mm 的椭圆 　使用安全玻璃作为紧急出口的，必须配备能敲碎玻璃的工具并粘贴标志
5	座位尺寸和位置及座位位置的调整	GB 10395.7—2006 中 4.1.2	座位位置应舒适、可调，座位尺寸应符合 GB 10395.7—2006 中图 2 的规定 　座位的调整应不使用工具手动进行，垂直方向的最小调整量为 ±30mm；水平纵向的最小调整量为 ±50mm。垂直方向调整和水平方向调整应能独立进行（只对轮轨距大于 1 150 mm 的样机适用）。悬挂式的不考核
6	方向盘位置和安全间隙	GB 10395.7—2006 中 4.1.3 GB 16151.12—2008 中 6	方向盘应合理配置和安装，使操作者在正常操作位置上能安全方便地控制和操作样机；方向盘轴线最好位于座位中心轴线上，任何情况下偏移量均应不大于 50mm。固定部件和方向盘之间的间隙应符合 GB 10395.7—2006 中图 1 的规定。其最大自由行程为 30°角；机械式转向操纵力不大于 250N，全液压式转向操纵力不大于 15N。悬挂式不考核

（续）

序号	检验项目	依据标准	合格指标说明
7	操纵装置操纵符号、安全间隙	GB 10395.1—2009 GB 10395.7—2006 中 4.1.4	操作者操纵装置及其位置应用符合 GB/T 4269.1 和 GB/T 4269.2 规定的清晰耐久符号标出或用适合操作者的文种描述 操纵力≥50N 时，安全间隙≥50 mm；操纵力＜50N 时安全间隙≥25mm
8	剪切和挤压部位	GB 10395.7—2006 中 4.1.5、4.3	操作者坐在座位上，手或脚触及范围内不应有剪切或挤压部位。如果座位后部相邻部件具有光滑的表面、座位靠背各面交界无棱边，则认为座位靠背和其后部相邻部件间不存在危险部位
9	动力源停机装置	GB 10395.1—2009 中 5.1.8	在操作者位置附近，每个动力源都应有不需操作者持续施力即可停机的装置。处于"停机"位置时，只有经人工恢复到正常位置后方能启动。停机操作件应是红色的，并与其他操作件和背景有明显的色差。使用说明书中应给出该装置的操作要领及使用方法
10	梯子的扶手或扶栏或抓手	GB 10395.1—2009 中 4.5 GB 10395.7—2006 中 4.1.8	a）门道梯子两侧应设置扶手或者扶栏，以使操作者与梯子始终保持三处接触 b）所有工作台各边都应设有高出工作台 1 000 mm，但不大于 1 100 mm 的防护栏 c）扶手/扶栏的横截面尺寸为 25～38mm d）扶手/扶栏的较低端离地高度≤1 500rnm e）扶手/扶栏的后侧的放手间隙≥50mm f）抓手距梯子较高级踏板高度≤1 000mm g）扶栏长度≥150mm
11	燃油管与排气管、电器件安全距离	GB 16151.12—2008 中 3.15	燃油箱与发动机排气管之间的距离应不小于300mm，距裸露电气接头及电器开关200mm以上，或设置有效的隔热装置

（续）

序号	检验项目	依据标准	合格指标说明
12	进入操作平台或座位的梯子	GB 10395.1—2009 中 4.5 GB 10395.7—2006 中 4.1.8 GB 16151.12—2008 中 3.16	a）梯子的结构应防滑，防止形成泥土层 b）从梯子上下来时，向下可以看到下一级梯子踏板外缘 c）驾驶台地板应有防滑及排水措施 d）梯子向上或向下移动时，不应造成挤压和冲击操作者现象 e）脚踏板宽度≥200mm f）脚踏板深度：梯子后面有封闭板的≥150mm，无封闭板的≥200mm g）阶梯间隔≤300 mm（单级梯子的踏板间隔≤350mm） h）最低一级踏板表面离地高度≤550 mm；特殊情况下（水稻收割机、履带行走轮或倾斜补偿机构）最低一级梯子踏板表面离地高度可以为700mm i）梯子踏板到轮胎的间距≥25mm j）驱动轮与上部机件的自由间隙≥60mm
13	拨禾轮外缘安全间隙	GB 10395.7—2006 中 4.3	≥25mm
14	割台分离机构	GB 10395.7—2006 中 4.3 GB 16151.12—2008 中 9.1	割台传动系分离机构应具有防止意外接合的结构
15	割台机械固定机构、割台锁定机构	GB 10395.7—2006 中 4.8.3 GB 16151.12—2008 中 9.1	样机应设置将割台保持在提起位置的机械装置。在使用说明书中，应给出该装置的使用方法。发动机熄火后，液压控制机构应保持割台不降落 割台与主机连接处的插销应有防止脱落的措施
16	粮箱防护	GB 10395.7—2006 中 4.4.1 GB 16151.12—2008 中 11.1	使用说明书中和机器上，应分别给出适当的安全标志，指出在机器运转时不得进入粮箱。粮箱结构应使谷物断流的情况降低到最小程度 粮箱盖不应作为安全装置，除非粮箱盖打开时，由连锁装置使螺旋输送器停止运转 根据安全需要，在粮箱外面设置安全检查用的阶梯和扶栏 粮箱的分配螺旋输送器出口应安装栅格状防护板

（续）

序号	检验项目	依据标准	合格指标说明
17	螺旋输送器防护	GB 10395.7—2006 中 4.4.2	所有螺旋输送器都应设置防护装置，防止与其意外接触 如果螺旋输送器设有符合下列规定的挡板，也可以认为满足防护要求：挡板能防止样机操纵位置或其他站立位置上的操作者意外的接触螺旋输送器；挡板固定牢固，如果挡板能推开或摆转，在样机运行期间应牢固固定在防护位置上；挡板上可以有 80mm×80mm 开口，在直接伸及区内，开口与螺旋输送器外缘间隔至少 100mm，在其他触及区内，间隔至少 50mm
18	悬挂式茎秆切碎器分离机构	GB 10395.7—2006 中 4.7 GB 16151.12—2008 中 11.3	茎秆切碎器的动力传动系在脱粒机构分离时也应分离；刀片顶点回转圆周围应至少有 850mm 的安全距离。如果防护装置的下边缘离水平地面的高度小于 1 100mm，850mm 可减至 550mm
19	机构的分离和清理	GB 10395.7—2006 中 4.8.1	维修和保养期间，意外移动会产生潜在挤压或剪切运动的有关机构，应特别注意留有适当的间隙，或进行防护和/或设置挡板。如果在人工转动脱粒机构时，需要使用特殊工具，该工具应随机提供，并应在使用说明书中给出该工具的使用方法
20	液体排放点	GB 10395.7—2006 中 4.8.2	发动机油（燃油、润滑油等）和液压油的排放点应设置在离地面较近处。其他要更换的工作液体应满足类似要求
21	蓄电池、电气电缆	GB 10395.1—2009 中 4.9 GB 10395.7—2006 中 4.9 GB 16151.12—2008 中 14.10	蓄电池应置于便于保养和维修的位置处。发动机应工作良好，蓄电池应保持常态电压；电气件、蓄电池的非接地端应进行防护，以防止与其意外接触及与地面形成短路 开关、按钮操作方便，工作可靠，不得因振动而自行接通或关闭 电缆应设置在不触及排气系统、不接近运动部件或锋利边缘的位置。电器导线均应捆扎成束，布置整齐，固定卡紧，接头可靠并有绝缘封套，在导线穿越孔洞时，应设绝缘套管；对位于与表

（续）

序号	检验项目	依据标准	合格指标说明
21	蓄电池、电气电缆	GB 10395.1—2009 中 4.9 GB 10395.7—2006 中 4.9 GB 16151.12—2008 中 14.10	面有潜在摩擦接触位置的电缆，应进行防护。电缆还应具有耐油性或加以防护，防止其与机油或汽油接触 除起动电动机电路和高压火花点火系统外，所有电路都应安装保险丝或其他过载保护装置。这些装置在电路间的布置应防止同时切断所有的报警系统
22	行走和驻车制动装置	GB 16151.12—2008 中 7 GB/T 20790—2006 中 3.5 JB/T 5117—2006 中 3.7、3.8	制动踏板应防滑，左右踏板应联锁且两脚蹬面应位于同一平面上。踏板的自由行程和储备行程应符合设计要求 驻车制动器锁定手柄锁定制动踏板必须可靠，没有外力不能松脱
23	重要部位紧固件强度等级	GB/T 20790—2006 中 5.2.8 JB/T 5117—2006 中 5.2.8	螺栓不低于 8.8 级，螺母不低于 8 级（重要部位是指滚筒纹杆螺栓或齿杆与辐盘联接螺栓、滚筒轴承座螺栓、轮辋螺栓、刀杆曲柄螺栓、发动机固定螺栓、茎秆切碎刀片固定螺栓、滚筒端盖螺栓等）
24	灭火器	GB 10395.7—2006 中 4.10 GB 16151.12—2008 中 3.20	必须在易于取卸的位置上配备可靠、有效的灭火器，在使用说明书中说明灭火器是操作者首先考虑到的保护工具，给出其使用方法及放置位置
25	照明和信号装置	GB 16151.12—2008 中 14 GB/T 20790—2006 中 3.3、3.4 JB/T 5117—2006 中 3.3、3.4	所有开关应安装可靠、开关自如，开关的位置应便于驾驶员操纵 应有发动机转速、水温、机油压力、蓄电池充电电流等指示装置，有倒车报警器，自走轮式机还应装行走喇叭、后反射器。每侧应装有后视镜各 1 只（半喂入机应至少有 1 只后视镜）。带自卸粮箱的机型应设置粮箱报警器 灯具应安装可靠，完好有效。至少应有作业灯 2 只，一只照向割台前方，一只照向卸粮区。最高车速大于 10km/h 的自走式联合收割机还必须装前照灯 2 只、前位灯 2 只、后位灯 2 只、前转向灯 2 只、后转向灯 2 只、倒车灯 2 只、制动灯 2 只。半喂入式收割机应有一只用于照射作物进入主滚筒情况的作业灯

（续）

序号	检验项目	依据标准	合格指标说明
25	照明和信号装置	GB 16151.12—2008 中 14 GB/T 20790—2006 中 3.3、3.4 JB/T 5117—2006 中 3.3、3.4	前照灯应有远、近光，功率不小于50W，发光强度不小于 8 000cd。应有危险报警闪光灯 后反射器应能保证夜间在其正前方150m 处用前照灯照射时，在照射位置就能确认其反射光

注：安全检查项目有一项不合格，则判整机安全性不合格。

附录 4 JB/T 5117—2017 全喂入 联合收割机 技术条件

前 言

本标准按照 GB/T 1.1—2009 给出的规则起草。

本标准代替 JB/T 5117—2006《全喂入联合收割机 技术条件》，与 JB/T 5117—2006 相比主要技术变化如下：

——增加了"割台两端的前后方向应粘贴符合 NY/T 2612 规定的反光标识"的要求（见 3.3）；

——修改了收割水稻时总损失率指标值（见表 1，2006 年版的表 1）；

——修改了卸粮时间要求（见 5.1.5，2006 年版的 5.2.5）；

——修改了制动性能要求（见 3.7，2006 年版的 3.7）；

——增加了"轮式联合收割机液压转向系统在行驶过程中收割机熄火时应能实现人力转向"的要求（见 3.9）；

——增加了"新设计产品应有割台和输送槽反转机构"的要求（见 5.2.1.5）；

——增加了"有效切割幅宽大于 3.6 m 的割台应采用快速挂接方式与主机联接，并应配备割台运输车"的要求（见 5.2.1.3）；

——增加了电磁兼容性要求（见 5.2.6.4）；

——删除了有关背负式联合收割机的要求（见 2006 年版的表 1）；

——修改了行走部分技术要求（见 5.2.3，2006 年版的 5.3.4）；

——修改了液压油固体污染度限值（见 5.2.5.4，2006 年版的 5.3.6.4）；

——增加了配套柴油机的排放要求（见 5.2.4.2）；

——增加了驾驶室的要求（见 5.2.7）；

——增加了号牌座的要求（见 5.2.8）；

——增加了检验项目分类表（见表 2）；

——增加了抽样和判定方案（见表 3）。

本标准由中国机械工业联合会提出。

本标准由全国农业机械标准化技术委员会（SACTC 201）归口。

本标准起草单位：中国农业机械化科学研究院、雷沃重工股份有限公司、中联重机股份有限公司、国家农机具质量监督检验中心、星光农机股份有限公司、江苏常发农业装备股份有限公司、浙江四方集团公司、山东巨明机械有限公司。

本标准主要起草人：韩增德、邓军、岳芹、张和锋、陈俊宝、钱菊平、廖汉平、胡华东、张绪博。

本标准所代替标准的历次版本发布情况为：

——NJ 134—1976；

——JB/T 5117—1991，JB/T 5117—2006。

全喂入联合收割机　技术条件

1　范围

本标准规定了全喂入联合收割机的安全要求、主要性能指标、技术要求、试验方法、检验规则、标志、包装、运输和贮存。

本标准适用于标定喂入量大于 1.5kg/s 的收割稻、麦的全喂入联合收割机（以下简称联合收割机）。

2　规范性引用文件

下列文件对于本文件的应用是必不可少的，凡是注日期的引用文件，仅注日期的版本适用于本文件，凡是不注日期的引用文件，其最新版本（包括所有的修改单）适用于本文件。

GB/T 1209（所有部分）　农业机械　切割器

GB/T 8094　收获机械　联合收割机　粮箱容量及卸粮机构性能的测定

GB/T 8097　收获机械　联合收割机　试验方法

GB/T 9239.1—2006　机械振动　恒态（刚性）转子平衡品质要求　第 1 部分：规范与平衡允差的检验

GB/T 9480　农林拖拉机和机械、草坪和园艺动力机械　使用说明书编写规则

GB 10395.1　农林机械　安全　第 1 部分：总则

GB 10395.7　农林拖拉机和机械　安全技术要求　第 7 部分：联合收割机、饲料和棉花收获机

GB 10396　农林拖拉机和机械、草坪和园艺动力机械　安全标志和危险图形　总则

GB/T 13306　标牌

GB/T 13877.2　农林拖拉机和自走式机械封闭驾驶室　第 2 部分：采暖、通风和空调系统试验方法和性能要求

GB/T 14039—2002　液压传动　油液　固体颗粒污染等级代号

GB/T 14248　收获机械　制动性能测定方法

GB 19997　谷物联合收割机　噪声限值

GB 20891　非道路移动机械用柴油机排气污染物排放限值及测量方法（中国第三、四阶段）

GB/T 21398　农林机械　电磁兼容性　试验方法和验收规则

JB/T 5243　收获机械　传动箱　清洁度测定方法

JB/T 5673　农林拖拉机及机具涂漆　通用技术条件

JB/T 6268　自走式收获机械　噪声测定方法

JB 6287　谷物联合收割机　可靠性评定试验方法

BT 7316　谷物联合收割机　液压系统　试验方法

JB/T 13189　联合收割机　传动箱

JB/T 13190　联合收割机　驱动桥

NY218　联合收割机号牌座设置技术要求

NY/T 2612　农业机械机身反光标识

3　安全要求

3.1　产品设计和结构应合理，保证操作人员按制造厂规定的使用说明书操作和保养时没有危险。

3.2　各传动轴、带轮、齿轮、链轮、传动带和链条等外露运动件应有防护装置，防护装置应符合 GB 10395.1 的规定，对割台上的割刀、拨禾轮、螺旋输送器等必须外露的功能件，应在其附近固定符合 GB 10396 规定的安全标志。

3.3　联合收割机至少应安装作业照明灯 2 只，1 只照向割台前方，1 只照向卸粮区。割合两端的前后方向应粘贴符合 NY/T 2612 规定的反光标识。最高行驶速度大于 10km/h 的联合收割机还应安装前照灯 2 只、前位灯 2 只、后位灯 2 只、前转向信号灯 2 只、后转向信号灯 2 只、倒车灯 2 只、制动灯 2 只。

3.4　联合收割机应安装 2 只后视镜和倒车喇叭，自走轮式联合收割机还应安装行走喇叭。

3.5　有驾驶室的联合收割机，驾驶室玻璃必须采用安全玻璃。

3.6　噪声应符合 GB 19997 的规定。

3.7　轮式联合收割机以最高行驶速度制动时（最高行驶速度在 20 km/h 以上时，制动初速度为 20 km/h），整机质量不大于 8 000kg 的联合收割机制动距离应不大于 6 m；整机质量大于 8 000 kg 的联合收割机制动距离应不大于 8 m。当冷态制动减速度不大于 4.5 m/s² 时，后轮不应跳起。

3.8　驻车制动装置应可靠，没有外力不能松脱，轮式联合收割机应能可靠地停在 20%（11°18′）的干硬纵向坡道上，履带式联合收割机能可靠地停在 25%（14°3′）的干硬纵向坡道上。驻车制动控制力：手操纵力应不大于 400N；脚操纵力应不大于 600 N。

3.9 轮式联合收割机液压转向系统在行驶过程中收割机熄火时应能实现人力转向。

3.10 其他安全要求应符合 GB 10395.7 的规定。

4 主要性能指标

4.1 作业性能

在不低于标定喂入量、切割线以上无杂草、作物直立、小麦草谷比为0.6～1.2、籽粒含水率（质量分数）为12％～20％；水稻草谷比为1.0～2.4、籽粒含水率（质量分数）为15％～28％的条件下，其作业性能应符合表1的规定。

表1 作业性能

项目	小麦	水稻
喂入量/kg/s	≥标定喂入量	
总损失率/％	≤1.2	≤2.8
含杂率/％	≤2.0	≤2.0
破碎率/％	≤1.0	≤1.5

4.2 可靠性

平均故障间隔时间应不少于 50 h，有效度应不小于 93％。

如果联合收割机按系列设计，仅割台宽度、柴油机功率、喂入量不同，可靠性试验可只进行最大负荷、最大功率值机型的试验，其他机型所装柴油机应符合对柴油机可靠性的要求，允许用试验台架对部件总成或系统进行可靠性试验。

4.3 通过能力

轮式联合收割机离地间隙应不小于 250 mm；履带式联合收割机离地间家应不小于 200 mm。

履带式机型对土壤的接地压力应不大于 24 kPa。

5 技术要求

5.1 整机要求

5.1.1 联合收割机的结构应能根据作物、收获条件和作物状况来调整工作状况。标定喂入量大于 6kg/s 的联合收割机宜在后方设置影像监视系统。

5.1.2 柴油机、行走传动系统、脱粒机体、割台在标定转速下，不得有异常声音。

5.1.3 脱粒、割台离合器手柄操纵应灵活、准确可靠。各类离合器要求分离彻底，结合平稳可靠。

5.1.4 液压系统、柴油机和传动箱各结合面、油管接头以及油箱等处，静结合面应无渗漏，动结合面应无滴漏。

5.1.5 粮箱与籽粒垂直搅龙出口接合应严密，不应漏粮；采用卸粮螺旋自动卸粮的联合收割机，粮箱容积不大于 3 m³ 时，卸粮时间应不大于 2.5 min；粮箱容积大于 3m³ 时，卸粮时间应不大于 3min。采用装袋卸粮的联合收割机粮袋挂架应能轻松装卸。

5.1.6 自走式联合收割机应装有柴油机机油压力、转速、水温、蓄电池充电电流等指示装置、堵塞报警等监视装置，并应保证信号可靠、响应及时。

5.1.7 自走式联合收割机结构上应保证工作部件在未接合的状态下，柴油机才能被起动，脱粒离合手柄在"合"位置时，不能起动柴油机。

5.1.8 承受交变载荷的滚筒纹杆螺栓或齿杆与辐盘连接螺栓、滚筒轴承座螺栓、轮辋螺栓、刀杆曲柄螺栓、柴油机紧固螺栓、茎秆切碎刀片固定螺栓强度应不低于 8.8 级，螺母不低于 8 级。

5.1.9 涂装应符合 JB/T 5673 的规定，外观应色泽鲜明，平整光滑，无漏底、花脸、流痕、起泡和起皱，涂层厚度应不小于 35 μm。

5.1.10 使用说明书应有提醒操作者的安全注意事项，其基本要求、内容和编制方法等应符合 GB/T 9480 的规定。

5.2　主要零部件要求

5.2.1　割台和输送槽

5.2.1.1 割台升降应灵活、平稳、可靠，不得有卡阻等现象：提升速度应不低于 0.2 m/s，下降速度应不低于 0.15 m/s；割台静置 30 min 后，静沉降量应不大于 10 mm。割台升降锁定开关锁定后，在运输状态下，割台应保持长时间不沉降。割台离地间隙应一致，其两端间隙差应不大于幅宽的 1%，最大间隙差应不大于 50 mm。

5.2.1.2 切割器应符合 GB/T 1209（所有部分）的规定。

5.2.1.3 轮式联合收割机有效切割幅宽大于 3.6 m 的割台应采用快速挂接方式与主机联接，并应配备割台运输车。割台运输车应带制动装置或防撞缓冲弹簧，侧面和后部应粘贴符合 NY/T 2612 规定的车身反光标识。

5.2.1.4 输送部件应保证作物整齐、流畅地输送，交接过渡处应可靠，不得发生干扰、卡阻等现象。

5.2.1.5 新设计产品应有割台和输送槽反转机构。

5.2.2　脱粒装置

5.2.2.1 切流脱粒方式入口间隙和出口间隙（凹板内表面与脱粒滚筒间的径向距离）应能方便地进行调整。

5.2.2.2 脱粒滚筒（包括带轮）应进行动平衡试验，其不平衡量应不大于 GB/T 9239.1—2006 规定的 G6.3 级。

5.2.2.3 风扇（包括转速超过 400 r/min 或质量大于 5 kg 的带轮）应进行静平衡试验。其不平衡量应不大于 GB/T 9239.1—2006 规定的 G16 级。

5.2.3 行走部分

5.2.3.1 机械式驱动桥应符合 JB/T 13190 的要求，传动箱应符合 JB/T 13189 的要求。

5.2.3.2 履带式联合收割机左右履带与机器纵向中心线应保证平行，驱动轮与履带导轨不应有顶齿及脱轨现象。

5.2.4 柴油机

5.2.4.1 柴油机标定功率应为 12h 功率。按规定磨合后，标定功率应符合标牌的规定，允差为±5%。

5.2.4.2 柴油机排放限值应符合 GB 20891 的规定，且柴油机应具有符合 GB 20891 规定的标签。

5.2.4.3 柴油机起动应顺利平稳，在气温−5℃～35℃范围内，每次起动时间应不大于 30 s。怠速和最高空转转速下，柴油机运转平稳，无异响，熄火彻底可靠，在正常工作负荷下，排气烟色正常。

5.2.4.4 散热器外侧应设有网罩等防护装置，防止散热芯被颖糠、茎秆堵塞。

5.2.5 液压系统

5.2.5.1 液压操纵系统应轻便、灵活、可靠，无卡阻现象。

5.2.5.2 供油系统管路连接应正确，油管不得被扭转、压扁和破损，不允许开机后出现明显的振动。

5.2.5.3 各油管和接头应在 1.5 倍的使用压力下进行耐压试验，保持压力 2 min，管路不得有漏油现象。

5.2.5.4 液压油固体污染度限值按 GB/T 14039—2002 规定的 21/19/16 级。

5.2.6 电气系统

5.2.6.1 电气装置及线路连接应正确、接头应可靠，不得因振动而松脱，不得发生短路或断路。

5.2.6.2 开关、按钮应操作方便，工作可靠，不得因振动而自行接通或关闭。

5.2.6.3 电线应捆扎成束、布置整齐、固定卡紧、接头牢固并有绝缘套，在导线穿越孔洞时应装设绝缘套管。

5.2.6.4 联合收割机有电磁兼容性要求时，应符合 GB/T 21398 的规定。

5.2.7 驾驶室

联合收割机可配置普通驾驶室或封闭驾驶室，配套柴油机动力大于或等于 75 kW 的联合收割机的驾驶室应安装具有通风、制冷和（或）采暖功能的空调系统或预留空调安装孔；封闭驾驶室应符合 GB/T 13877.2 的规定。

5.2.8　号牌座

联合收割机号牌座应符合 NY 2188 的规定。

6　试验方法

6.1　作业性能试验

按 GB/T 8097 的规定进行。

6.2　可靠性试验

按 JB/T 6287 的规定进行。

6.3　通过性能试验

6.3.1　平均接地压力

测定联合收割机的重量和行走装置接地面积，其比值即为整机对土壤的平均接地压力。

测定重量时，燃油箱加满，粮箱卸空。

在场地上测定履带的接地长度（第一支重轮中心到张紧轮中心垂线的水平距离）和宽度（履带宽度）。

6.3.2　最小离地间隙

自走式联合收割机割台升起后，用钢直尺或其他线性尺寸测量装置测定轮胎间或履带间的机架、驱动箱、消声器等部件的最小离地间隙。

6.4　噪声测定

按 JB/T 6268 的规定进行。

6.5　制动性能试验

按 GB/T 14248 的规定测定制动性能，带割台运输车的联合收割机应将割台卸下装在运输车上与主机一起试验。

6.6　液压系统性能试验

按 JB/T 7316 的规定对液压系统清洁度、割台升降速度和静沉降性能以及行走无级变速稳定性项目进行测定。

6.7　传动箱性能试验和检查

6.7.1　传动箱清洁度测定

按 JB/T 5243 的规定进行测定。

6.7.2　操纵性能检查

在运输状态下进行测定，在测试全过程中传动箱不得有脱挡、乱挡现象，变速箱不得有异常响声。出现的异常响声难以判定时，可拆机检查。

在测试全过程中离合器应结合可靠，分离彻底。

6.8　密封性能试验

6.8.1　漏油检测

在检测试验全过程中，目视检查液压系统、柴油机和传动箱各结合面、油管接头以及油箱等处。

6.8.2 漏水检测

在检测全过程中，目视检查水箱开关、水封和水管接头等处，应无滴水现象；目视检查水箱、缸体、缸盖、缸垫和水管表面，应无渗水现象。

6.8.3 漏粮检测

与作业性能试验同时进行。在试验全过程中检查割台、过桥、脱粒机体和输粮搅龙各结合面、密封面。目测或接取均应无明显落粒。

6.9 卸粮性能

按 GB/T 8094 的规定进行测定。

7 检验规则

7.1 出厂检验

7.1.1 每台总装配完毕的联合收割机，应进行 30 min 空运转试验，空运转试验结果应满足以下要求：

——起动方便平稳，柴油机熄火可靠；

——各操作系统操纵灵活、准确、可靠；

——工作部件运转平稳，不得有卡滞、碰撞和异常声音；

——连接件、紧固件不得松动；

——不允许有漏油、漏水、漏气、漏电现象。

7.1.2 每台联合收割机应进行行走试验，试验应在各挡情况下分别进行。

7.1.3 出厂检验项目见表 2，检验项目全部合格判定产品合格。每台联合收割机应经制造厂质量检验部门检验合格并附有质量合格证后方可出厂。

7.2 型式检验

7.2.1 有下列情况之一时，产品应进行型式检验：

——新产品定型鉴定及老产品转厂生产；

——正式生产后，结构、工艺、材料等有较大改变，可能影响产品性能；

——产品停产二年后，恢复生产；

——国家质量监督机构提出进行型式检验的要求。

7.2.2 整机抽样应是企业最近一年内生产的，并经自检合格的产品。型式检验按表 2 规定的型式检验项目进行。检验项目按其重要性可分为 A 类、B 类和 C 类。抽样和判定方案见表 3。

表 2　检验项目分类

项目分类		检验项目	对应条款	出厂检验	型式检验
类	项				
A	1	安全防护及安全标志	3.2	√	√

（续）

项目分类		检验项目	对应条款	出厂检验	型式检验
类	项				
A	2	照明设置	3.3	√	√
	3	喇叭	3.4	√	√
	4	行动制动	3.7	√	√
	5	驻车制动	3.8	√	√
	6	操作者工作位置	3.10	√	√
	7	总损失率	4.1	—	√
	8	号牌座	5.2.8	√	√
B	1	噪声	3.6	—	√
	2	含杂率	4.1	—	√
	3	破碎率	4.1	—	√
	4	可靠性	4.2	—	√
	5	可调整性	5.1.1	—	√
	6	柴油机	5.2.4	—	√
	7	起动结构	5.1.7	√	√
	8	柴油机、脱粒机体、割台异常声响	5.1.2	√	√
	9	各类离合器	5.1.3	√	√
	10	输送系统及粮箱密封性	5.1.4	—	√
	11	螺栓、螺母等级	5.1.8	—	√
	12	液压系统密封性	5.2.5.3	√	√
	13	仪表	5.1.6	√	√
	14	电气系统	5.2.6	√	√
C	1	通过能力	4.3	—	√
	2	涂装质量	5.1.9	√	√
	3	割台	5.2.1	—	√
	4	粮箱与卸粮能力	5.1.5	—	√
	5	驾驶室	5.2.7	√	√
	6	输送槽	5.2.1	—	√
	7	脱粒装置	5.2.2	—	√
	8	行走部分	5.2.3	—	√
	9	液压系统	5.2.5.1、5.2.5.2 5.2.5.4	—	√

（续）

项目分类		检验项目	对应条款	出厂检验	型式检验
类	项				
C	10	使用说明书	5.1.10	√	√
	11	产品标牌	8.1	√	√

"√"表示应检验项目，"—"表示不检验项目。

表3　抽样和判定方案

抽样方案	检验项目类别	A		B		C
	检验项目数	8		14		11
	样本量 n			2		
	AQL	6.5		25		40
判定规则	Ac　Re	0　1		1　2		2　3

7.3　订货检验

订货单位有权按本标准的要求抽查产品质量。抽样方案和合格质量水平（AQL）按表3的规定，或由供需双方协商确定。

8　标志、包装、运输和贮存

8.1　每台联合收割机上应安装固定式产品标牌。标牌应符合 GB/T 13306 的规定，其内容应至少包括：

——制造商名称及地址；

——产品型号与名称；

——产品主要技术参数：标定喂入量（或小时生产量）、柴油机功率、整机质量；

——产品制造编号；

——产品制造日期；

——产品执行标准编号。

8.2　在每台产品的明显位置，应标注其商标。

8.3　出厂装运时，对附件、备件、工具及运输中必须拆下的零部件，应进行分类包装、标识，保证其运输中无损。

8.4　随机文件包括：

——使用说明书；

——三包文件；

——产品合格证；

——备件、附件及随车工具清单。

附录 5 GB/T 21016—2007 小麦干燥技术规范

前　言

本标准由中国机械工业联合会提出。

本标准由全国农业机械标准化技术委员会归口。

本标准起草单位：黑龙江省农副产品加工机械化研究所、中国农业机械化科学研究院、江苏省农业机械试验鉴定站。

本标准主要起草人：赵妍、张咸胜、李少杰、许峰、王亦南、刘炬。

本标准为首次制定。

小麦干燥技术规范

1　范围

本标准规定了小麦干燥基本要求、干燥技术要求、安全技术要求、干燥成品质量及检验。

本标准适用于批式循环粮食干燥机和连续式粮食干燥机（主要机型为顺流干燥机、横流干燥机、混流干燥机）干燥小麦及优质小麦。

2　规范性引用文件

下列文件中的条款通过本标准的引用而成为本标准的条款。凡是注日期的引用文件，其随后所有的修改单（不包括勘误表内容）或修订版均不适用于本标准。然而，鼓励根据本标准达成协议的各方研究是否可使用这些文件的最新版本。凡是不注日期的引用文件，其最新版本适用于本部分。

GB 1351　小麦

GB/T 6970　粮食干燥机试验方法

GB/T 16714　连续式粮食干燥机

GB/T 17892　优质小麦　强筋小麦

GB/T 17893　优质小麦　弱筋小麦

JB/T 10268　批式循环谷物干燥机

LS/T 3501.1　粮油加工机械通用技术条件　基本技术要求

3　基本要求

3.1　原粮小麦

3.1.1　小麦水分 16%～22%，不同水分小麦要分别储存，分别进行干燥，同一批干燥的小麦水分不均匀度不大于 2%。

3.1.2 干燥前需进行清选，含杂率不大于 2%。

3.1.3 其他质量指标应符合 GB 1351 或 GB/T 17892、GB/T 17893 规定。

3.2 干燥机

3.2.1 干燥机应是符合 GB/T 16714 或 JB/T 10268 规定的合格产品，配套设备应符合 LS/T 3501.1 规定。

3.2.2 干燥机及配套设备（提升机、输送机、烘前仓、缓苏仓、烘后仓等）经调试运行，应能正常投入使用。

3.3 人员

3.3.1 干燥作业现场、控制室、热风炉房及化验室应配备固定专业人员。

3.3.2 操作人员及管理人员应通过专业培训，能熟练掌握小麦干燥技术规范及操作规程。

4 干燥技术要求

4.1 允许受热温度

小麦、优质强筋小麦及弱筋小麦允许受热温度见表1。

表1 允许受热温度

小麦水分/%	允许受热温度/℃
>17	≤46
≤17	≤54

4.2 干燥工艺

4.2.1 批式循环干燥机干燥小麦采用干燥→缓苏→冷却干燥工艺，干燥→缓苏应多次循环，可降到安全水分或规定水分。

4.2.2 顺流干燥机干燥工艺：

——小麦降水幅度小于或等于顺流干燥机降水幅度，应采用干燥→锻炼→冷却工艺；

——小麦降水幅度大于顺流干燥机降水幅度，应采用二次或多次干燥。

4.2.3 横流干燥机、混流干燥机干燥工艺：

——小麦降水幅度小于或等于横流干燥机、混流干燥机降水幅度，应采用干燥→冷却工艺；

——小麦降水幅度大于横流干燥机、混流干燥机降水幅度，应采用干燥→缓苏（机外）→干燥→冷却工艺。

4.3 干燥工艺参数

4.3.1 干燥小麦、优质强筋小麦及弱筋小麦热风温度推荐值见表2。

表 2 热风温度推荐值

小麦水分/%	热风温度/℃			
	批式循环干燥机	顺流干燥机	横流干燥机	混流干燥机
>17	45～50	80～90	50～60	55～65
≤17	50～55	90～100	55～65	60～70

注：干燥优质强筋小麦宜采用下限温度。

4.3.2 用环境温度空气冷却，冷却至粮温不超过环境温度 5℃。

5 安全技术要求

5.1 干燥机运行时，操作人员应远离或减少介入安全标志所警示的危险区和危险部位。严禁拆装安全保护装置及安全装置，严禁打开干燥机检修门，储粮段不得进入。

5.2 高空处理故障应配备安全带及安全帽。

5.3 电气控制室应设专职人员操作管理，严格执行电气安全操作规程。

5.4 干燥机应按使用说明书要求定期停机，排空全部小麦，清理机内及溜管内粉尘、杂质等全部残存物。

5.5 热风炉提高输出热风温度不得超过额定输出热量时热风温度的 15%，运行时间不得超过 2h。

5.6 发现热风管道内有火花，应立即关闭热风机，检查并消除火花来源。

5.7 发现干燥机排气中有烟或有烧焦的气味，应立刻采取如下措施：

——干燥机实施紧急停机，关闭所有风机及进风闸门；

——打开紧急排粮机构，排出机内小麦及燃烧物；

——清理机内燃烧物残余，分析事故原因，消除隐患后方可开机。

6 干燥成品质量及检验

6.1 干燥成品质量指标见表 3。

表 3 干燥成品质量指标

项目		指标值
水分		安全水分或规定水分
干燥不均匀度	降水幅度≤5%	≤1.0
	降水幅度>5%	≤1.5
发芽（生活力）率/%		≥80
破碎率增加值/%		≤0.3
色泽气味		正常
湿面筋降低值/%		0

（续）

项目	指标值
苯并（a）芘增加值/（μg/kg）	≤5

注1：发芽（生活力）率不低于干燥前小麦发芽率的80%
注2：使用直接加热干燥机，应检验苯并（a）芘增加值。

6.2 干燥成品质量指标检验按 GB/T 6970 规定执行。

附录6　小麦机械化收获减损技术指导意见

本技术指导意见适用于使用全喂入联合收割机进行小麦收获作业。在一定区域内，小麦品种及种植模式应尽量规范一致，作物及田块条件适于机械化收获。农机手应提前检查调试好机具，确定适宜收割期，执行小麦机收作业质量标准和操作规程，努力减少收获环节损失。

一、作业前机具检查调试

小麦联合收割机作业前要做好充分的保养与调试，使机具达到最佳工作状态，以降低故障率，提高作业质量和效率。

（一）作业季节开始前的检查与保养

作业季节开始前要依据产品使用说明书对联合收割机进行一次全面检查与保养，确保机具在整个收获期能正常工作。经重新安装、保养或修理后的小麦联合收割机要认真做好试运转，先局部后整体，认真检查行走、转向、收割、输送、脱粒、清选、卸粮等机构的运转、传动、操作、间隙等情况，检查有无异常响声和"三漏"情况，发现问题及时解决。

（二）作业前的检查准备

作业前，要检查各操纵装置功能是否正常；离合器、制动踏板自由行程是否适当；发动机机油、冷却液是否适量；仪表板各指示是否正常；轮胎气压是否正常；传动链、张紧轮是否松动或损伤，运动是否灵活可靠；检查和调整各传动皮带的张紧度，防止作业时皮带打滑；重要部位螺栓、螺母有无松动；有无漏水、渗漏油现象；割台、机架等部件有无变形等。备足备好田间作业常用工具、零配件、易损零配件及油料等，以便出现故障时能够及时排除。

（三）试割

正式开始作业前要选择有代表性的地块进行试割。试割作业行进长度以50米左右为宜，根据作物、田块的条件确定适合的收割速度，对照作业质量标准仔细检查损失、破碎、含杂等情况，有无漏割、堵草、跑粮等异常情况。并以此为依据对割刀间隙、脱粒间隙、筛子开度和（或）风扇风量等视情况进行必要调整。调整后再进行试割并检测，直至达到质量标准和农户要求。作物品种、田块条件有变化时要重新试割和调试机具。试割过程中，应注意观察、倾听机器工作状况，发现异常及时解决。

二、确定适宜收获时间

小麦机收宜在蜡熟末期至完熟期进行，此时产量最高，品质最好。小麦成熟期主要特征：蜡熟中期下部叶片干黄，茎秆有弹性，籽粒转黄色，饱满而湿润，籽粒含水率25%～30%。蜡熟末期植株变黄，仅叶鞘茎部略带绿色，茎秆仍有弹性，籽粒黄色稍硬，内含物呈蜡状，含水率20%～25%。完熟期叶片枯黄，籽粒变硬，呈品种本色，含水率在20%以下。

确定收获时间，还要根据当时的天气情况、品种特性和栽培条件，合理安排收割顺序，做到因地制宜、适时抢收，确保颗粒归仓。小面积收获宜在蜡熟末期，大面积收获宜在蜡熟中期，以使大部分小麦在适收期内收获。留种用的麦田宜在完熟期收获。如遇雨季迫近，或急需抢种下茬作物，或品种易落粒、折秆、折穗、穗上发芽等情况，应适当提前收割。

三、机收作业质量要求

根据JB/T 5117—2017《全喂入联合收割机 技术条件》要求，全喂入小麦联合收割机收获总损失率≤1.2%、籽粒破损率≤1.0%、含杂率≤2.0%，无明显漏收、漏割。割茬高度应一致，一般不超过15厘米，留高茬还田最高不宜超过25厘米。收获作业后无油料泄漏造成的粮食和土地污染。为提高下茬作物的播种出苗质量，要求小麦联合收割机带有秸秆粉碎及抛撒装置，确保秸秆均匀分布地表。另外，也要注意及时与用户沟通，了解用户对收割作业的质量需求。

四、减少机收环节损失的措施

作业过程中，应选择正确的作业参数，并根据自然条件和作物条件的不同及时对机具进行调整，使联合收割机保持良好的工作状态，减少机收损失，提高作业质量。

（一）选择作业行走路线

联合收割机作业一般可采取顺时针向心回转、逆时针向心回转、梭形收割三种行走方法。在具体作业时，机手应根据地块实际情况灵活选用。转弯时应停止收割，将收割台升起，采用倒车法转弯或兜圈法直角转弯，不要边割边转弯，以防因分禾器、行走轮或履带压倒未割麦子，造成漏割损失。

（二）选择作业速度

根据联合收割机自身喂入量、小麦产量、自然高度、干湿程度等因素选择合理的作业速度。作业过程中应尽量保持发动机在额定转速下运转。通常情况下，采用正常作业速度进行收割。当小麦稠密、植株大、产量高、早晚及雨后作物湿度大时，应适当降低作业速度。

（三）调整作业幅宽

在负荷允许的情况下，控制好作业速度，尽量满幅或接近满幅工作，保证作物喂入均匀，防止喂入量过大，影响脱粒质量，增加破碎率。当小麦产量高、湿度大或者留茬高度过低时，以低速作业仍超载时，适当减小割幅，一般减少到 80%，以保证小麦的收割质量。

（四）保持合适的留茬高度

割茬高度应根据小麦的高度和地块的平整情况而定，一般以 5~15 厘米为宜。割茬过高，由于小麦高低不一或机车过田埂时割台上下波动，易造成部分小麦漏割，同时，拨禾轮的拨禾推禾作用减弱，易造成落地损失。在保证正常收割的情况下，割茬尽量低些，但最低不得小于 5 厘米，以免切割泥土，加快切割器磨损。

（五）调整拨禾轮速度和位置

拨禾轮的转速一般为联合收割机前进速度的 1.1~1.2 倍，不宜过高。拨禾轮高低位置应以拨禾板作用在被切割作物 2/3 处为宜，其前后位置应视作物密度和倒伏程度而定，当作物植株密度大并且倒伏时，适当前移，以增强扶禾能力。拨禾轮转速过高、位置偏高或偏前，都易增加穗头籽粒脱落，使作业损失增加。

（六）调整脱粒、清选等工作部件

脱粒滚筒的转速、脱粒间隙和导流板角度的大小，是影响小麦脱净率、破碎率的重要因素。在保证破碎率不超标的前提下，可通过适当提高脱粒滚筒的转速，减小滚筒与凹板之间的间隙，正确调整入口与出口间隙之比（应为 4：1）等措施，提高脱净率，减少脱粒损失和破碎。清选损失和含杂率是对立的，调整中要统筹考虑。在保证含杂率不超标的前提下，可通过适当减小风扇风量、调大筛子的开度及提高尾筛位置等，减少清选损失。作业中要经常检查逐稿器机箱内秸秆堵塞情况，及时清理，轴流滚筒可适当减小喂入量和提高滚筒转速，以减少分离损失。对于清选结构上有排草挡板的，在含杂、损失较高时，可通过调整排草板上下高度减少损失。

（七）收割倒伏作物

适当降低割茬，以减少漏割；拨禾轮适当前移，拨禾弹齿后倾 15°~30°，或者安装专用的扶禾器，以增强扶禾作用。倒伏较严重的作物，采取逆倒伏方向收获、降低作业速度或减少喂入量等措施。

（八）收割过熟作物

小麦过度成熟时，茎秆过干易折断、麦粒易脱落，脱粒后碎茎秆增加易引起分离困难，收割时应适当调低拨禾轮转速，防止拨禾轮板击打麦穗造成掉粒损失，同时降低作业速度，适当调整清选筛开度，也可安排在早晨或傍晚茎秆韧性较大时收割。

（九）在线监测

如有条件，可在收割机上装配损失率、含杂率、破碎率在线监测装置，驾驶员根据在线监测装置提示的相关指标、曲线，适时调整行走速度、喂入量、留茬高度等作业状态参数，得到并保持低损失率、低含杂率、低破碎率的较理想的作业状态。

五、培训与监督

机手、种植户和从事收获质量监督的乡镇农机管理人员应经过培训，掌握作物品种、作物含水率、种植模式、收割地形等方面的农艺知识，掌握收割机的正确使用、维护保养知识以及作业质量标准要求。鼓励种植户与机手签订收获作业损失协议，乡镇农机管理人员可通过巡回检查监督作业损失等情况，并在损失偏大或出现其他不合乎要求情形时，要求机手调整，仍然不合要求的，应更换作业机器。

中华人民共和国农业农村部

2020 年 09 月 18 日

附录7　稻茬麦机械化生产技术指导意见

本指导意见适用于长江中下游冬麦区和西南冬麦区稻茬小麦生产。

在一定区域内，提倡标准化作业，小麦品种类型、耕作模式、种植规格、机具作业幅宽、作业机具的调试等应尽量规范一致，并考虑与其他作业环节及下茬作物匹配。

一、播前准备

（一）**品种选择**。长江流域不同稻麦两熟区生态条件和小麦品种适应性差异较大，要求按照当地农业部门的推荐，选择适宜当地生产水平和生态环境的小麦主导品种。

（二）**种子处理**。小麦种子质量应达到国家标准，其中纯度≥99%、净度≥98%、发芽率≥85%、水分≤13%。

播种前可进行种子晾晒，提高种子发芽势。同时，应进行药剂处理，以防治地下害虫，预防种传、土传病害和苗期病害。可根据当地病虫害发生情况，选择高效安全的杀菌剂、杀虫剂进行种子机械包衣或拌种，提高作业效率和包衣或拌种质量。拌种剂应严格按照所用农药标签和说明书要求使用。药剂拌过的小麦种子，应先闷6~8小时再适度晾干，以确保种子处理和播种质量。

（三）**播前整地**。应根据茬口和土壤墒情，选择适宜的耕整地方式。籼稻茬口小麦播前有一定的耕整时间，应适墒采用深旋耕或翻耕浅旋相结合的方式，进行精细整地，耕整深度应在15厘米以上。粳稻茬口相对较紧，应在水稻收获前10~15天排水，并采用深旋耕方式抢茬适墒整地，要求地表平整、土壤细碎、无大土块。如无整地茬口，可考虑采用小麦少免耕播种或稻板茬播种。

提倡水稻秸秆全量还田。收获水稻时应在收割机上加装碎草与匀草装置，稻秸长度控制在10厘米以下，并均匀抛撒。尽可能采用翻耕或反旋耕方式，深埋稻秸，尽量减少地表5厘米以内土层的稻秸量，以保证播种质量，为麦苗扎根、抗冻防倒奠定基础。

耕地前应施足底（基）肥（施用量见"田间管理"中"化肥施用参照表"），提倡用播（撒）肥机精确控制施肥量，并提高施肥均匀度。也可将种肥两用播种机的排种管和开沟器卸掉，用排肥器施肥，在精确控制施肥量的同时，还能通过肥料从高处降落后在地面的反弹，提高肥料颗粒在田间分布均匀程度。机械振动易造成复合肥和尿素在肥箱中自动分层，这两种肥料不宜直接混合后施用。提倡采用双肥箱播（撒）肥机，或复合肥与尿素分别施肥的方式。

二、播种

根据农业部门的推荐，以及实际的茬口情况、品种特性、气候类型、土壤墒情等确定不同生态区具体播期。在适宜的气候条件与土壤墒情下，力争适期播种。

根据不同品种特性、播期和地力水平，确定播种量，严格控制基本苗。稻茬小麦适期播种条件下，每亩播量 10～13 千克，基本苗以 15 万～20 万株为宜。早播、土壤肥力相对较好的田块播量适当减少，肥力相对较差的田块适当增加。此外，迟于当地适播期，每推迟一天播种，播量应增加 0.5 千克/亩，但最大基本苗以不超过所选用品种适宜亩穗数的 80% 为宜。

坚持机械化匀播作业。耕整地质量高、墒情适宜、肥力较好的高产田，提倡机械扩行条播。茬口紧张的粳稻茬小麦需抢茬播种，应选择旋耕播种一体机，完成"旋耕—播种—盖籽—镇压"一次性作业。土壤比较黏湿的田块，可用小麦摆播机进行机械撒播，改条播为机械均匀摆播，先播种后浅旋灭茬盖籽。播种后用圆盘开沟机及时开沟，以利迅速排除地表水和降低土壤含水量。同时将切碎的沟土抛撒到两侧，均匀地覆盖到已播的地表。开沟深度 25～35厘米，沟距 3～4 米，左右两侧抛土幅度各 2 米左右。

三、田间管理

（一）**合理施肥**。根据不同品种产量水平、品质类型、需肥特性和土壤类型，确定总施肥量，提倡结合测土配方施肥和机械深施。施肥量、肥料施用时间及比例见表 1。

表 1 化肥施用参照表   单位：千克/亩

目标产量	肥料施用量			肥料施用时间及比例
	N	P_2O_5	K_2O	
450～550（中强筋小麦）	15～17	7～9	8～10	基肥用量为氮 55%～65%、磷 50%、钾 50%～70%，其他为追肥。拔节追肥在小麦基部第一节间接近定长、叶龄余数为 2.5 前后施用，施氮量占 20%～25%，配合适量磷钾肥，以复合肥（氮、磷、钾均为 15%）20～25 千克/亩，补加尿素 5～8 千克/亩为宜；孕穗肥在旗叶露尖至破口期，叶龄余数为 0.5 前后施用，施氮量占 15%～20%，即尿素 5～8 千克/亩。
400～450（弱筋小麦）	13～15	5～8	8～10	
350～400	11～13	5～8	7～9	弱筋小麦则应降低氮肥追施比例，以基肥：拔节肥为 7：3，或基肥：拔节肥：孕穗肥为 7：1：2 较为适宜，且追肥时期不宜过迟。
＜350	10～12	5～8	6～9	

　　（二）病虫草害及倒伏防治。 稻茬小麦草害采用播种后出苗前"封闭化除"；在越冬前气温较高或返青后气温回暖、日均温达到 5～8℃时，对需要防治的麦田，再根据草相选用适宜的除草剂及时化除。

　　稻茬小麦区常见的病害为纹枯病、条锈病、白粉病、赤霉病等。其中，赤霉病应以预防为主。

　　近年稻茬小麦蚜虫等虫害呈加重趋势，在达到防治标准时应及时喷药治虫。

　　稻茬麦倒伏较为常见，在选用正确的栽培技术基础上，可考虑辅以化控防倒技术。对于群体较大、有倒伏风险的麦田，应在起身拔节前每亩喷施 60 克浓度为 0.25%～0.4% 的矮苗壮或 15% 多效唑可湿性粉剂 50～75 克。拔节至孕穗期发现有倒伏风险的田块，可在孕穗至抽穗期间喷施劲丰 100 毫升/亩，降低植株重心以防倒伏。

　　在植保机具选择上，可采用机动喷雾机、背负式喷雾喷粉机、电动喷雾机、农业航空植保机具等，机械化植保作业应符合喷雾机（器）作业质量、喷雾器安全施药技术规范等方面的要求。

　　（三）排灌。 稻茬小麦生长期间雨水较多，应搞好以排水为主的田间沟渠，合理配置外三沟和内三沟，做到"三沟"配套，沟沟相连，排水畅通。要求田外沟深 1 米以上；田头沟深 40 厘米以上，并与田外沟畅通；田内横沟间距小于 50 米、深 30～40 厘米，田内竖沟间距小于 3 米、深 20～30 厘米。

　　机械开沟作业不仅效率高，且开沟质量好，走向整齐，沟壁和沟底光滑易于排水。一般采用圆盘式开沟机（配置大型动力）或旋耕刀（切土刀）式开沟机（配手扶拖拉机）开沟，根据不同沟的功能要求，设定开沟深度。冬春两季注意清沟理墒，保持沟系畅通、排水顺畅，确保雨止田干。

　　播种后若遇干旱和墒情不适，可灌出苗水，促及时出苗，但切忌大水漫灌。拔节期若遇持续干旱应及时灌小水。灌浆期若遇到持续干旱和高温天气，也应及时灌水。

四、收获

　　收割前，应做好田间排水及机具通行条件准备。

　　目前小麦联合收获机型号较多，对土壤含水量高的麦田，应采用履带式稻麦联合收获机。为提高下茬作物的播种出苗质量，要求小麦联合收获机带有秸秆粉碎及抛撒装置，确保秸秆均匀分布地表。收获时间应掌握在蜡熟末期，同时做到割茬高度≤15 厘米，收割损失率≤2%。作业后，收获机应及时清仓，防止病虫害跨地区传播。

五、注意事项

作业前应检查机具技术状况，查看机具各装置是否连接牢固，转动部件是否灵活，传动部件是否可靠，润滑状况是否良好，悬挂升降装置是否灵敏可靠。播种机、联合收获机作业中应及时清理保养；作业后应及时进行防锈处理；植保机具作业后要妥善处理残留药液，彻底清洗施药器械，防止污染水源和农田。

中华人民共和国农业部

2017 年 11 月 02 日